中压配电网主要设备典型故障实例分析

万四维　吴佳伟　李顺尧　著

黑龙江科学技术出版社

图书在版编目（CIP）数据

中压配电网主要设备典型故障实例分析 / 万四维，
吴佳伟，李顺尧著 . -- 哈尔滨 ： 黑龙江科学技术出版社，
2024. 8. -- ISBN 978-7-5719-2625-0

Ⅰ . TM727

中国国家版本馆 CIP 数据核字第 20247QE319 号

中压配电网主要设备典型故障实例分析

ZHONGYA PEIDIANWANG ZHUYAO SHEBEI DIANXING GUZHANG SHILI FENXI

万四维　吴佳伟　李顺尧 / 著

责任编辑	张云艳	
封面设计	付文英	
出　　版	黑龙江科学技术出版社	
	地址 : 哈尔滨市南岗区公安街 70-2 号	
	邮编 : 150007	
	电话 : (0451)53642106	
	传真 : (0451)53642143	
	网址 : www.lkcbs.cn	
发　　行	全国新华书店	
印　　刷	三河市金兆印刷装订有限公司	
开　　本	710mm×1000mm 1/16	
印　　张	12. 25	
字　　数	220 千字	
版　　次	2024 年 8 月第 1 版	
印　　次	2024 年 8 月第 1 次印刷	
书　　号	ISBN 978-7-5719-2625-0	
定　　价	42. 00 元	

编委会名单

主　　编　万四维、吴佳伟、李顺尧

副 主 编　薛　峰、曾　强、胡晶晶、李兆伟、陈世昌

参编人员　苏华峰、何东辉、李　通、王锦堂、陈果华、何文志、王　植、

刘卫东、王传旭、马校华、江　华、李朗威、张　喆、王湘女、

罗金满、梁浩波、郭孝基、邓雄荣、赵善龙、黎浩钧、梁伟豪、

陈嘉威、钟荣富、戴喜良、陈浩盟

前　言

一直以来，中压配电网的设备由于在生产、安装调试、验收等环节要求不是那么严格，所以无论是在价值上、生产工艺上，还是在验收把关上，其故障的严重程度相对主于网变电设备都要低，也不是各级管理人员的关注重点，导致中压配电网设备故障居高不下，分析有如下几个方面的原因。一是生产方面。生产厂家技术力量参差不齐，用户要求不一，大部分生产厂家没有具体成型产品，中标以后才按用户招标技术要求开始设计与生产。还有大部分厂家不具备总体设计、生产、试验、安装、服务等一条龙生产能力，中标以后按标价和技术规范临时联合机柜、一次部件、二次部件、绝缘材料等生产厂共同组装产品供货，中压配电网设备产品型式试验不合格、缺少运行经验导致投运后不长时间就出现故障。二是施工方面。中压配电网施工单位数量多，工程层层分包，施工人员技术水平参差不齐，安全责任意识淡薄。加上停电施工时间短，施工任务重，赶工时有发生。受大中压配网施工点空间、施工环境恶劣等客观因素影响，施工质量不高导致中压配电网设备故障不断发生。三是基层运维人员技术水平不高，验收把关不严，运维水平不高等因素，配电网设备长期缺少维护。

为进一步提升中压配电网设备的供电可靠性，查找中压配电网设备故障发生的具体原因，有针对性地提出整改措施，东莞供电局试验研究所特组织编写《中压配电网设备典型故障与处理》。

本书编者均为常年奋战在生产一线的技术骨干，熟悉设备结构，熟知电气试验方法。全书内容围绕中压配电网设备分类、结构原理、典型故障、处理情况、防范措施等方面进行描述，重点突出典型故障分析。书中的各类中压配电网设备典型故障案例分析都是编者从自身工作经验中总结提炼出来的，在原有运维人员提供的资料中具有创新突破性，图文并茂，是适合中压配电网运维人员阅读学习的专业书籍。

本书共包括 6 章，涵盖 5 大类中压配电网主要设备的典型故障案例。李顺尧主要编写第 3 章，李通协助文稿修改。

在本书即将付梓之际，特别向东莞供电局生产技术部、各区供电局，以及曾在案例收集和加工、制图过程中给予我们热情帮助的同事们表示衷心的感谢。

由于编写水平有限，书中难免有不妥之处，敬请广大读者批评指正。

序

电力是现代工业的血液，强大的配电网连接着千家万户，关系到国计民生。中压配电网设备是与用户直接关联的关键节点，也是供电可靠性设备的重中之重。随着各类新技术、新设备的不断应用，客户对供电可靠性和电能质量的要求不断提高，导致对中压配电网设备的运行管理，特别是对快速且准确地处理运行中发生的各类异常和事故提出了更高的要求。

全力保障配电网安全运行是供电企业的首要任务，也是贯彻南方电网公司建设坚强智能电网的重要前提。为此，尽快编写一本能够解决配电网生产运行疑难杂症的实用教材，有针对性地帮助配电运维人员及时、准确分析问题，排除故障，减少隐患，实现配电专业技能、经验的有效传承，是一件十分有意义的事情。

本书由东莞供电局生产技术部、试验研究所、各区供电局一批专家合力完成。主编李顺尧同志是东莞供电局首批高级技师和高级工程师"双高型"专家。该书以大量的实际案例为纲，图文并茂，以精辟的理论分析为基础，以提高各区供电局配网运维人员处理设备事故或异常的实际能力为本，体现了理论与实践紧密结合的重要特色，也是有别于以往同类书籍的一个亮点。"师者"，传道、授业、解惑；"书者"，明理、摘要、答疑。好的书亦师亦友，希望广大读者在《中压配电网主要设备典型故障案例分析》这本书的指导下，从日常生产实践中学习、探索、提高，为保障电网安全稳定做出贡献。

目 录

第一章 中压配电网概述

本章从中压配电网线路、开关站（配电站）、配电设备等三个方面简要介绍配电线路与配电设备的基础知识，旨在让相关技术人员对中压配电线路与配电设备有一个整体性、系统性的认识。

第一节 中压配电网架简介

一、中压配电网一次网架

（一）中压配电网的定义及作用

中压配电网是指由中压配电线路和中压配电设备组成的配电网。中压配电网一次设备是用来接受、输送和分配电能的电气设备，它可以给组合体型式供电，也可给单个设备型式供电。按组合体分类，主要包括开关站（配电站）、箱式变压器、开关成套设备（中压断路器柜、负荷开关柜、户外开关箱、电缆分接箱）等。按设备单元分类，主要包括配电变压器、单元式开关柜、柱上断路器、柱上负荷开关、隔离开关、熔断器、互感器、避雷器、电容器、计量箱等。本书所描述的中压配电网特指 10kV 配电系统，中压配电设备特指 10kV 配电设备。中压配电网作为电能输送的重要环节之一，其一次网架结构的选择一般要综合考虑安全性、可靠性、经济性、灵活性以及可扩展性等多方面的因素。

中压配电网的功能是 110kV 变电站 10kV 母线通过线路接受电能，向中压用户供电或向各用户小区的配电所（站或室）供电，再经过配电变压器降压后向下一级低压配电网提供电源。

目前，普遍接受的中压配电网简单分类方法有两种。第一种，可根据线路类型划分为两类：一类是以架空线为主要特征（包括短距离电缆的架空线、电缆混合线路），另一类是以电缆为主要特征。第二种，可根据结构划分为两类：一类以辐射型接线为主要特征，另一类以环式接线为主要特征。根据结构分类法可以进一步分析配电网的典型接线模式。

（二）中压配电网的特点

中压配电网直接面向用户，是确保供电质量的关键环节，具有如下特点：

（1）配电设备遍布城市和农村，是城乡公共基础设施的组成部分。

（2）网络结构与设备变动频繁，这主要是受市政建设要求迁杆移线和用户负荷发展的影响。

（3）中压配电网一般采用辐射型或环网开环运行的供电方式，分支线路大多采用 T 接。

（4）中压配电网保护、控制装置的配置相对简单，技术要求也相对低一些，例如，允许继电保护装置延时动作切除配电线路末端的故障，而在输电线路上任何一点发生故障时，都要求继电保护装置快速动作。

（5）用户遇到的停电绝大部分是中压配电系统环节造成的。有关供电可靠性统计数据表明，扣除系统容量不足限电因素，因中压配电系统环节造成的停电，共占总停电事件的 96% 左右，而高电压输变电环节造成的停电占 4% 左右。

（6）电网一半以上的传输电能损耗发生在中低压配电网。

由此可见，要进一步提高供电质量和电网企业的经济效益，必须在中压配电系统上下功夫，而中压配电系统运行的可靠性全依靠中压配电设备产品质量、施工质量、运行维护。

第二节 中压配电网主要设备简介

一、配电站

（一）配电站定义

10kV 配电站是指将一路或两路 10kV 电源变成 0.4kV，送至各建筑物给用电设备供电。配电站主要由配电变压器、开关柜、低压开关柜、母线及其辅助设备组成，起到变换电压和分配电能的作用。配电站常用的接线方式有单母线接线和单母线分段接线。

（二）配电站分类

配电站是由 10kV 变压器、10kV 开关柜、母线以及控制和保护装置、低压柜等电气设备及其辅助设施，按一定的接线方案组合排列而成的电力设施，通常为户内布置，但也有采用户外型开关设备组而成的户外箱式结构。配电站一般由两回来自变电站的中压馈线作为电源，分别供至开关站的两段母线。作为电源用的馈线一般采用大截面的电缆线路，如单根截面为 200 ～ 600mm 的电缆。开关站可以结合配电站建设，也可单独建设。开关站的接线应力求简化，一般采用单母线分段，两路进线，6 ～ 10 路出线。开关站应按无人值班及逐步实现综合自动化的要求设计或留有发展余地。环氧树脂浇注的 SCB 型如图 1-1 所示，SGB 型三相干式自冷如图 1-2

所示。

配电站按结构形式划分，主要有以下几类：

（1）户外配电站。在户外露天地面上进行安装，不需要为该类变压器建造大量的房屋等建筑，因此往往具备良好的通风条件、整体造价较低等优点。但对建筑平面具有一定的要求，往往在建筑平面布置条件允许下广泛使用。

（2）户外箱式配电站。高低开关柜和变压器均放在金属的箱形体内，置于露天或马路旁，节省用地，目前被用户广泛采用。

（3）户内配电站。即配电站与建筑物共享一面墙壁或几面墙壁。比户外变电所造价高，但供电可靠性好。

（4）独立配电站。根据设置需求，在建筑物一定距离处建造单独的建筑，用以安装该类配电站。由于需要建造独栋建筑，独立配电站的造价较高。当需要对几个用户供电但又难以在用户侧附设时，多采用此类配电站。

（5）变压器台区。将容量较小的变压器安装在户外电杆上或者台墩上。

图 1-1 环氧树脂浇注的 SCB 型

图 1-2 SGB 型三相干式自冷

（三）配电站的用途

配电站担负着接收和重新分配 10kV 出线的工作，在解决高压变电给中压配电回路数不够，出线走廊受限的同时，满足某特定地区中压配电的需要。配电站宜建于城市主要道路的路口附近，负荷中心区和两座高压变电站之间，以便加强电网联络，提高供电可靠性。

二、箱式变电站（又称预装式变电站）

（一）箱式变电站定义

箱式变电站是一种将配电变压器、高压开关设备和低压配电装置等装置，按特定的接线方案整合在一起的工厂预制的室内和室外紧凑型配电设备。在此基础上，它可以将高压受电、变压器降压和低压配电等功能有机地结合在一起，并在钢结构箱体内进行集成安装，具有防潮、防锈、防尘、防鼠、防火、防盗、隔热、全封闭、可移动等优点，实现全封闭运行。这种变电站广泛应用于城网建设与改造，是继土建变电站之后崛起的一种新型的变电站。

（二）箱式变电站分类

箱式变电站可分为两大类，一类是欧式箱型变电站，通常简称为欧式箱变；另一类则是美式箱型变电站，通常简称为美式箱变。下面进行详细介绍。

（三）箱式变电站结构

1. 欧式箱型变电站（简称欧式箱变）

（1）箱体结构

欧式箱变的构造包括底座、外壳和顶盖这三个主要部分。底座的制作通常采用槽钢、角钢、扁钢和钢板等材料进行组焊，或者通过螺栓进行连接和固定；外壳可采用玻璃钢或铝合金制作成整体，也可用镀锌钢管制成。为了确保良好的通风、散热以及进出线效果，往往还会在特定的地方设计条状的孔洞和适当大小的圆形孔洞。

无论使用哪种材料制成的箱变壳体，都必须满足标准要求，具备五防功能，即防晒、防雨、防尘、防锈以及防止小动物（例如蛇）进入。目前，市场上常见的户外箱变主要采用合金型材制作而成。为了避免在炎热的夏天受到强烈的阳光直射，导致箱内温度升高，欧式箱变在顶部通常会配备导热系数相对较低的隔热材料作为填充材料，如岩棉板和聚苯乙烯泡沫塑料等。

此外，欧式箱变的表面处理方法有很多种。在我国的北方地区，主要采用传统的喷漆、烤漆、喷塑等技术进行处理；在我国南部的经济繁荣地区，尤其是放置在住宅小区的箱变，为了使其外观与当地的建筑风格更为和谐一致，保证美观，除了上述的处理方式外，还会采用在水泥板结构的外壳上粘贴彩色瓷砖或进行贴面处理。

（2）高压配电装置结构

根据进线的方式，欧式箱变高压配电装置可以被分为终端型和环网型两大类；根据进线的方向，欧式箱变高压配电装置可以被分为从箱体顶端的架空进线（这在传统的箱变方法中较为常见）和通过高压电缆沟从地下进线（这种方法在现代设计中被广泛采纳）。在配电设备方面，传统箱变所使用的高压开关包括 FN-10/400-630A 系列的高压负荷开关，这类开关的动态和静态触点都是暴露在空气中的，因此可以清晰地观察到开关触点处于开启或关闭的状态。此外，需要安装 FFLAJ-50-100A 带座熔断器、接地开关、避雷器以及带电显示器；还装有绝缘拉杆等附件，使整个开关装置形成一个完整的电气保护体系。该装置将开关系统密封在带玻璃观察的高压柜门之内，并通过操作手柄来驱动开关操作机构进行开关、断开和接地的各种操作。由于其机械特性良好，能适应各种恶劣环境及运行方式变化而不损坏绝缘。这种结构是传统终端型箱变中最简洁且经济的常见选择。

现阶段，使用 SF6 气体作为灭弧介质的 SF6 系列负荷开关也较为普遍，但其制造成本超过了 FN-10 系列的高压负荷开关。因此在设计此类开关时，应根据实际情况进行合理选择和布置。SF6 系列负荷开关的开关结构包括带熔断器、不带熔断器、接地开关等，但通常配备了带电显示器。其操作机构通常是手动的，但也存在电动操作的情况。配备熔断器的负荷开关能够在回路发生短路的情况下自动进行故障切断，从而保护电路以及变压器、开关等相关设备。

（3）变压器室结构

欧式箱变设备配备了专门的变压器室，变压器室主要由变压器、自动温控系统、照明设备以及安全防护栏等构成。其中，变压器和自动控温系统是箱体内部的重要部分，其安装位置直接影响整个设备的性能。变压器在运行过程中，会在箱变中释放大量热量，因此，在欧式箱变的设计中，变压器的散热和通风都是需要特别关注的关键问题。当变压器处于运行状态时，会持续产生大量的热量，导致变压器室温度逐渐上升。特别是在环境温度较高的情况下，变压器室温度上升的速度会更快。因此，仅仅依赖自然通风方式往往无法确保变压器的可靠和安全运行。此外，箱变内部空气流动不均匀造成的箱内气流紊乱也会影响设备的正常工作。在欧式箱变的设计过程中，除了变压器容量相对较小的箱变使用自然风进行散热之外，通常还会加入测温保护措施，并通过强制排风方式来解决这一问题。该测温保护系统的核心功能是使用测量设备来测定变压器的油温，并通过手动与自动的方式控制电路，根据变压器的稳定和安全的运行温度来决定是否需要启动排风扇。

按照国家的标准要求，变压器油箱的顶部允许的最高温度不得超过 95℃；在设计制造中，根据实际情况，可适当降低其要求值。此外，干式变压器线圈的表面温度不应超过 80℃ 的规定上限，这也是排风扇开始运行时的最高温度设定。

变压器的内部通常配备了照明设备，这种设备应遵循"开门即亮，关门即灭"的原则进行设计和控制。如果用户希望变压器室内有一个较好的光线环境和良好的工作条件，则需要对其进行适当调整。在欧式箱变的设计中，变压器室的防护栏是关键的安全防护措施，被广泛应用于欧式箱变的安全防护措施中。

在欧式箱变的设计中，变压器可以选择油浸式或干式，但由于干式变压器的制造成本较高，安装维护复杂，故应用较少。因此，为了减少生产成本，当用户没有明确的需求时，通常优先考虑油浸式变压器。变压器的容量通常建议在 100~1250kVA 范围内，但其最大容量不应超出 1600kVA。

2. 美式箱型变电站（简称美式箱变）

美式箱变与欧式箱变在结构上相差甚大，但它又具备欧式箱变无法比拟的一些优势。从布局角度来看，美式箱变的低压室、变压器室和高压室的布局并不是"目"字形，而是"品"字形。从构造角度分析，这款美式箱变被划分为前后两个部分：前半部分是高压和低压的操作间隔，其中操作间隔包含了高低压接线端子、负荷开关操作柄、无载调压分节开关、插入式熔断器和油位计等组件；后半部分是注油箱和散热片，交压器绕组、铁芯、高压负荷开关和熔断器都被安置在变压器油箱内，而避雷器则选用了油浸式金属氧化物避雷器。因此，美式箱变既具有欧式箱变灵活方便、运行可靠的特点，也克服了其不足，使之更加安全可靠。在设计变压器时，美式箱变取消了储油柜，而是采用了油加气腺体积恒定的原则来设计一个密封式的油箱。这样，油箱和散热器就可以直接暴露在空气中，从而避免了散热困难的问题。在低压断路器方面，美式箱变选择了塑壳断路器作为主断路器和出线断路器。整个箱体由铝合金材料制作而成，用高强度螺栓连接固定。美式箱变由于其结构的简洁性，特别是它在一侧开门，其所需的占地面积和体积都有显著的减少，其所需的土地面积只有欧式箱变的四分之一，其体积也只是相同容量欧式箱变的五分之一到三分之一。

美式箱变结构特点、优势特点主要有如下方面：

（1）美式箱变体积小，质量轻，制造成本低。美式箱变并没有专门的变压器室，这是导致美式箱变的体积远小于欧式箱变的原因之一。美式箱变直接置于室外，主要使用变压器油以及变压器的散热片进行绝缘与散热。

（2）在变压器内部设置开断变压器的负荷开关。该变压器的低压侧出线与负荷开关的出线端直接连接，而负荷开关的进线端则与箱体侧壁上的美式套管连接。此外，低压出线也被放置在箱壁上，这使得低压侧出线直接与低压柜连接，从而大大缩短了低压侧母排的连接距离。这些独特的结构设计使得美式箱变的体积仅为欧式箱变的三分之二或更小。

其主要的不足之处在于：负荷开关的开断和熔断器在遇到短路电流时的熔断过程会不可避免地产生电弧，这会导致变压器油的炭化和游离，从而加速变压器油的老化，降低其绝缘性能。而负荷开关、熔断器与变压器铁芯、线圈都位于同一个容器内，并使用变压器油作为它们的共同绝缘和冷却介质。因此，与欧式箱变相比，美式箱变变压器油的老化速度更快。因此，在运行过程中，必须确保良好的运行记录，并根据运行规程定期进行变压器油的化验和炭化处理，一旦处理完毕，应立刻更换变压器油，以确保电力供应的安全。此外，由于美式箱变的独特结构设计，其低压输出的路数增长受到了某种程度的制约。

综合考虑，欧式箱变在综合性能上超越了美式箱变，但其生产成本相对更高。美式箱变因其小巧的体积、紧凑的结构和较低的制造成本而受到众多用户的喜爱。卧式箱变在结构和体积上处于这两者之间，但与欧式箱变相比，其制造成本相对较低，因此现在的使用率也在快速增长。

限流熔断器作为箱变内部故障的保护，其熔丝的额定电流值为变压器额定电流的 3~4 倍。插入式熔断器作为变压器二次侧故障的保护，其熔丝的额定电流为变压器额定电流的 1.5~2 倍。例如，配电变压器额定容量为 630kVA 的箱变，10kV 侧的额定电流 36.8A，其限流熔断器的熔丝额定电流选用 125A，其插入式熔断器的熔丝额定电流选用 63A。

（四）箱式变电站用途

箱式变电站对矿山、工厂、油气田和风能发电站等场景的适应能力更强，它已经取代了传统的土建配电房和配电站，成为一种创新的全套变配电系统。此外，箱式变电站也适用于住宅社区、城市公共设施、繁忙的市区以及施工用电源等场景。

（五）箱式变电站适用场所

1. 用作路灯箱变

无论是欧式箱变还是美式箱变,在小负荷用电系统中都比传统土建电房有优势。箱式变电站因为造价成本比普通电房低很多，外观也很漂亮，欧式箱变还可以采用景观型外壳，更是一道靓丽的风景线。

2. 公园、小区用电

在公园、小区等地也经常采用箱式变电站供电，公园、小区往往追求美观和占用空间，箱式变电站很好地解决了这两个难题，外观优美同时占地面积又小。

3. 工矿用电

工厂、矿山等地区因为地形复杂，时间成本昂贵，所以对供电设备要求高。箱式变电站安装方便，现场施工量少，同时防护等级为 IP33 及以上，可以大大减少施工量和工期，可安装在地形复杂的地区。

4. 临时用电。

施工单位经常随着工地的迁移而改变用电地点，所以需要一套可以移动的配电设备。箱式变电站具有很好的移动性，负载能力也足够大，完全可以满足施工现场的临时用电需求。

三、配电变压器

（一）配电变压器定义

配电变压器是指配电系统中采用电磁感应，以相同的频率，在两个绕组间，变换交流电压和电流而传输交流电能的一种静止电器。通常将 35kV 以下（大多数是 10kV 及以下）电压等级的电力变压器，称为"配电变压器"简称"配变"。

（二）配电变压器分类

1. 按照绝缘方式分类

按照配电变压器铁芯和绕组的绝缘方式可分为油浸式配电变压器和干式配电变压器。

（1）油浸式配电变压器：铁芯和绕组都浸入绝缘油中的变压器。

油浸式配电变压器如图 1-3 所示。以 10kV S11 型三相油浸式全密封变压器（容量 500kVA）为例说明配电变压器的型号。

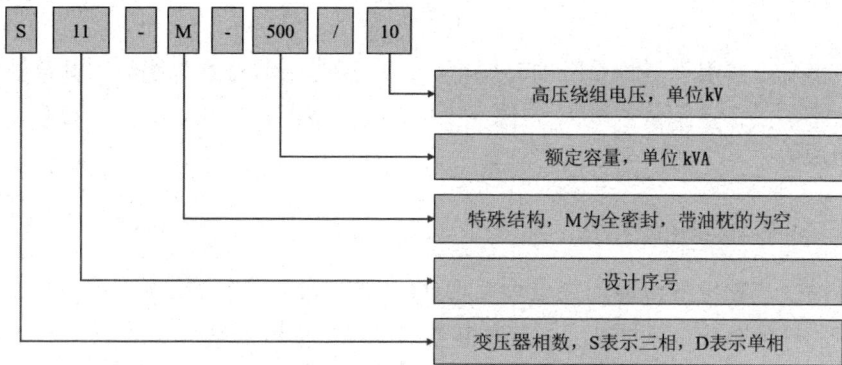

图 1-3　油浸式配电变压器型号示意图

（2）干式配电变压器：铁芯和绕组都不浸入绝缘液体中的变压器。

干式配电变压器型号如图 1-4 所示。以 10kV SCB10 型三相干式配电变压器（容量 500kVA）为例说明干式配电变压器的型号：

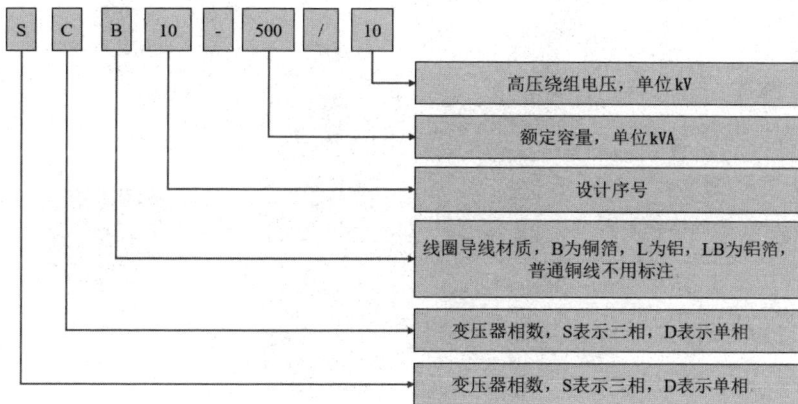

图 1-4　干式配电变压器型号示意图

2. 按照调压方式分类

根据调压方式的不同，分为无励磁调压变压器和有载调压变压器。无载调压和有载调压都指的变压器分接开关调压方式。区别在于无载调压开关不具备带负载转换挡位的能力，调挡时必须使变压器停电，而有载分接开关则可带负荷切换挡位。

3. 按照相数分类

根据相数分为单相变压器和三相变压器。

单相变压器即一次绕组和二次绕组均为单相绕组的变压器。单相变压器结构简单、体积小、损耗低，主要是铁损小，适宜在负荷密度较小的低压配电网中应用和推广。

三相变压器用于三相系统的升降电压。三相变压器有三个绕组，其接法分为三角形和星形、延边三角形等，三个绕组上的电压相位互差 120 度，也就是常见的三相 380 伏接线方式，其铁芯传统的是三相三芯柱、三相五芯柱、渐开线形等形式。

（三）配电变压器结构

以油浸式配电变压器为例进行结构介绍。油浸式配电变压器的组成包括主体、储油柜、绝缘套管、分接开关、保护装置等。配电变压器结构如图 1-5 所示：

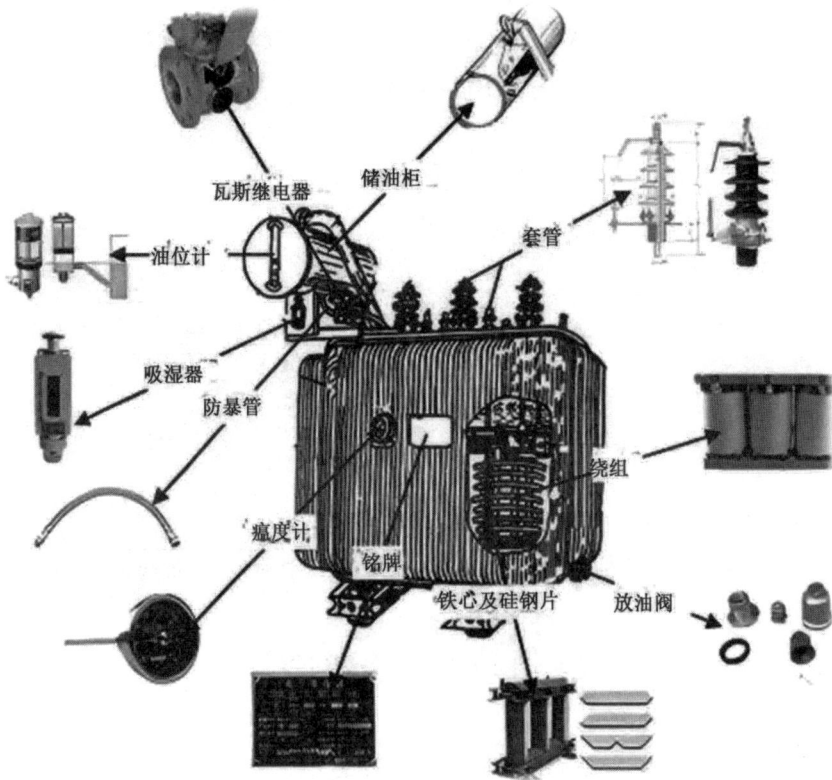

图 1-5　变压器结构图

1. 本体

设备本体由铁芯、绕组和绝缘油三个部分组成，其中绕组作为变压器的电子电路，铁芯作为变压器的磁性通道。这两者共同组成了变压器的关键部分，也就是电磁部分。

（1）铁芯

在变压器内部，铁芯是主要的磁路通道。铁芯的柱截面通常会采用多级阶梯形的结构，从而更加充分地利用绕组的内空间。铁芯通常是由硅含量较高的热轧或冷轧硅钢片叠装而成，其厚度多为 0.35mm 或 0.5mm，并在表面涂有绝缘漆。铁芯分为铁芯柱和铁轭两部分，铁芯柱套有绕组，铁轭有闭合磁路的作用。铁芯结构的示例如图 1-6 所示。根据其构造结构可以将铁芯分为心式与壳式两大类。

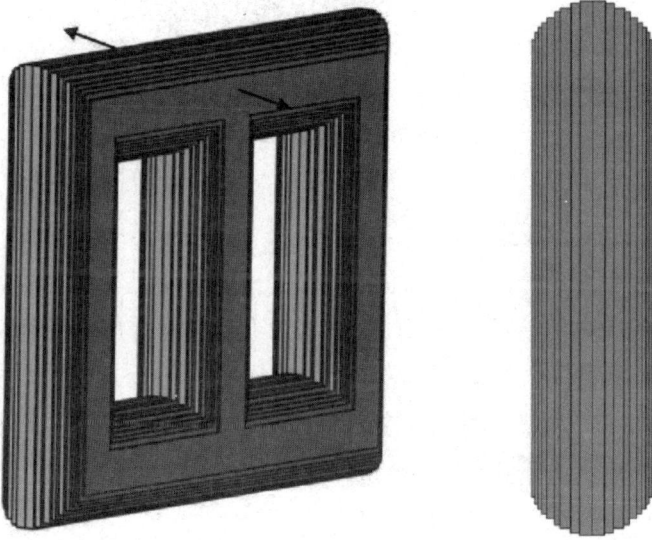

图 1-6　铁芯结构

（2）绕组

作为变压器的电子部分，绕组通常在绕线模具上使用绝缘的扁铜线或圆形铜线进行绕制。绕组被安装在变压器的铁芯柱上，低压绕组位于其内部，高压绕组则被放置在其外部。在低压绕组与铁芯之间、高压绕组与低压绕组之间，都使用了绝缘材料制成的套筒进行隔离，以实现更好的绝缘效果，具体的绕组结构可以参见图 1-7。

图 1-7　绕组结构

（3）绝缘油

变压器油的成分非常复杂，主要是由环烷烃、烷烃和芳香烃构成，在配电变压器中，变压器油具有双重功能：一方面，它在变压器的绕组与绕组、绕组与铁芯以及油箱之间发挥绝缘作用。另一方面，变压器油在受热时会产生对流现象，这对变压器的铁芯和绕组具有散热效果。变压器油通常有三种规格：10 号、25 号和 45 号。其标号表示油在零下开始凝固时的温度，例如，"25 号" 油表示这种油在零下 25℃时开始凝固，应该根据当地的气候条件选择油的规格。

2. 储油柜

储油柜装在油箱的顶盖上。储油柜的体积是油箱体积的 10% 左右。在储油柜和油箱之间有管子连通。当变压器的体积随着油的温度变化而膨胀或缩小时，储油柜起着储油和补油的作用，保证铁芯和绕组浸在油内；同时，由于装了储油柜，缩小了油和空气的接触面，减少了油的劣化速度。

储油柜侧面有油标，在玻璃管的旁边有油温在 - 30℃、+20℃ 和 +40℃ 时的油面高度标准线，表示未投入运行的变压器应该达到的油面高度；标准线主要可以反映变压器在不同温度下运行时油量是否充足。

储油柜上装着呼吸孔，使储油柜上部空间和大气相通。变压器油热胀冷缩时，储油柜上部的空气可以通过呼吸孔出入，油面可以上升或下降，防止油箱变形甚至损坏。

3. 绝缘套管

它是变压器箱外的主要绝缘装置，大部分变压器绝缘套管采用瓷质绝缘套管。变压器通过高、低压绝缘套管，把变压器高、低压绕组的引线从油箱内引至油箱外，使变压器绕组对地（外壳和铁芯）绝缘，并且是固定引线与外电路连接的主要部件。高压瓷套管比较高大，低压瓷套管比较矮小。

4. 分接抽头

变压器高压绕组改变抽头的装置，调整分接位置，可以增加或减少一次绕组部分匝数，以改变电压比，使输出电压得到调整。变压器在退出运行并从电网上断开后，以手动变换分接开关位置的方式而调整输出电压的称为无载调压。

5. 保护装置

（1）气体继电器

气体继电器装于变压器油箱与储油柜连接管中间，与控制电路连通构成瓦斯保护装置。气体继电器上接点与轻瓦斯信号构成一个单独回路，气体继电器下接点连接外电路构成重瓦斯保护，重瓦斯动作使高压断路器跳闸并发出重瓦斯动作信号。

（2）防爆管

防爆管是变压器的一种安全保护装置，装于变压器盖上面，防爆管与大气相通，故障时热量会使变压器油汽化，触动气体继电器发出报警信号或切断电源避免油箱爆裂。

（四）配电变压器用途

现代工业公司普遍使用电力作为其主要能源，但发电厂输出的电能通常需要经过长距离的传输才能抵达电力消费区域。电能在长距离输电线路上进行传输会不可避免地消耗一定的能量。当传输功率保持不变时，更高的传输电压会导致所需电流减少。由于电压下降与电流成正比，而线路损失与电流的平方成正比，因此使用较高的输电电压可以实现较低的线路压降和线路损耗，提高电压是增加电能输量和节省电缆的重要措施之一。而直接制造电压极高的发电机不仅不经济，还面临着许多技术难题，因此需要使用专门的设备将发电机端的电压升高后再进行输送，这种专门的设备就是变压器。在受电端，就需要使用降压变压器，将高压降至配电系统的电压水平以供使用。

由以上可知，变压器是一种通过改变电压而传输交流电能的静止感应电器。在电力系统中，变压器的地位十分重要，不仅所需数量多，而且性能好，运行安全可靠。

变压器除了应用在电力系统中，还应用在需要特种电源的工矿企业中。例如，冶炼用的电炉变压器，电解或化工用的整流变压器，焊接用的电焊变压器，试验用的试验变压器，交通用的牵引变压器，以及补偿用的电抗器，保护用的消弧线圈，测量用的互感器等。

四、环网开关柜（简称环网柜）

（一）环网柜定义

环网柜的特点是高压开关装置被安装在钢板金属柜体内，或被设计为拼装间隔式的环网供电单元。其核心部分使用了负荷开关和熔断器，这使得它具有结构简洁、体积小巧、价格合理等优点，能够提升供电的参数和性能，并确保供电的安全性。

把供电网络连接成一个环状结构，让用户能从两个不同的方向获取电源，从而增强电力供应的可靠性，这种供电方式就是环网供电。在交流 10kV 配电系统中，如工矿企业、住宅小区、港口和高层建筑等，由于负载容量较小，其高压回路通常由负荷开关或真空接触器控制，并配备高压熔断器保护。这一系统一般使用环状电网进行供电，而所采用的高压开关柜通常被人们习惯性地称作环网柜。环网柜不仅要为其所属的配电所供电，其高压母线还需穿越环形供电网的电流。因此，在选择环网柜的高压母线截面时，应综合考虑本配电所的负荷电流和环网穿越电流的总和，以确保高压母线在运行过程中不会出现过负荷的情况。

环网柜具体型号的命名规范为：XGW/N（F 或 F·R）-12。其中，X 指的是箱式，G 代表固定式，W 代表户外，N 代表户内，F 代表主开关配负荷开关，F·R 代表主开关配负荷开关 - 熔断器组合。一些企业也会在其前端添加"H"，以表示"环网"的概念。环网柜如图 1-8 所示。

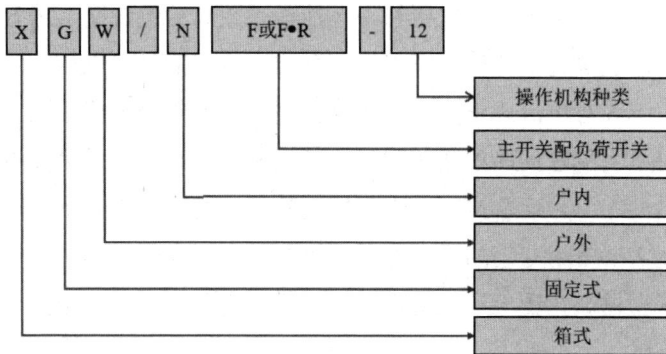

图 1-8　环网柜

（二）环网柜分类

环网柜根据整体结构分为美式与欧式；按照柜内的主绝缘介质来划分，环网柜可分为空气绝缘环网柜和SF6气体绝缘环网柜，近年来又出现了采用固体绝缘材料的复合绝缘环网柜。根据户内外分为户内环网和户外环网。按照柜体结构来划分，环网柜分为间隔式、共箱式和间隔＋共箱混合式3种。间隔式的优点是将1个支路做成一面开关柜体，不同方案的柜型可以自由拼接；其缺点是体积大、成本较高。

共箱式的优点是将常用的多路进出线（一般2～5路）环网供电单元装置在一个充满SF6气体的密封箱体内，采用电缆接插件作为进出线连接，从而组合体积小、环境适应性强、安装容易、维修量小、安全性高。缺点是不利于扩展，功能单元有限。

间隔＋共箱混合式的优点是将1个支路做成间隔式，分别将2个支路、3个支路做成共箱式，形成模块化生产，可按主接线要求选择不同功能模块任意组合，构成更多的支路，方便扩展及加装计量、分段等小柜型。

（三）环网柜结构

环网柜通常由四个主要部分构成：开关室、熔断器室、操动机构室以及电缆室。其中，开关室是由金属壳体内密封的各种功能回路，如接地开关和负荷开关回路，以及这些回路之间的母线等部分组成的。壳体是由冷轧钢板或不锈钢板焊接制成的。每个功能回路都包含一个负荷开关和一个接地开关。隔离开关主要用于电路的安全隔离，在进行维护或检修时提供安全保护，并且不具备自动保护或灭弧的功能。负荷开关由一个垂直移动的动触头系统和一个位于其下端的静触头构成。当开关合闸时，动触头会向下移动，从而使负荷开关成功接通。接地开关是由动触刀和静触刀两部分构成的，当弹簧进行移动时，接地开关会迅速被激活。开关室的上方和后方都设有4个长方形的装配工艺孔。环网柜的正面装有观察窗，可以看到接地开关的"分"以及"合"的位置情况，并在其后部安装了防爆设备。

负荷开关设计为压气内吹式，具备优越的灭弧能力，同时不会干扰相间和对地的绝缘性能。其动态和静态触头都配备了弧形触头，显著增加了其开断次数。此外，熔断器和负荷开关室共同组成了变压器的保护电路。高压限流熔断器安置在环氧树脂浇注的绝缘壳中，一旦熔断器熔断，撞针就会弹出，使负荷开关跳闸。

操动机构室设置在环网柜的正面，每个功能回路中的负荷开关都配备了人工（或电动）储能弹簧操作机构，接地开关同样装有人工储能弹簧操作机构。控制面板上设有用于负荷开关合闸的操作和手动分闸的旋钮，以及接地开关的分合闸操作孔。此外，面板上还有负荷开关的分合闸位置指示灯、电动分合闸按钮，以及模拟线路、开关状态指示牌和加锁位置。联锁装置可将负荷开关和接地开关的操作进行联锁，从而防止误操作，提升安全性。

（四）环网柜用途

环网柜是一种专用于环形电网的设备，主要目的是确保电力供应的可靠性。它通常被部署在环形配电系统中，以支持多条线路的供电，从而确保在一条线路出现问题时，其他线路仍能维持电力供应。当前的先进环网柜能够实现自动化控制，并且可以远程操作。

环网指的是一个环状的配电网络，这意味着供电主线构成了一个封闭的环状结构，从这个环状主线上，电源通过高压开关进行外部分配，从而确保让每条支线都可以从多个方向获取电力。这种方式的优点在于，每个配电分支都可以从其左侧主干线获取电源，同时也可以从其右侧主干线获取电源。当左侧主干线出现故障时，它会继续从右侧主干线获得电力供应；而当右侧主干线出现问题时，它会从左侧主干线继续供电。这种方式虽然总电源是单一的，但从每个配电分支的角度看，它都能享受到与双路供电相似的经济效益，从而增强了供电的稳定性和可靠性。因此，即使总电源只有一个，环网结构的设计仍确保了每条支线都有类似于双路供电的冗余，以此提高整体的供电可靠性。

由于这些环网柜的额定电流相对较小，所以它们的高压开关通常不会选择结构复杂的断路器，而是选择结构简洁且配备高压熔断器的高压负荷开关。换句话说，在环网柜内，高压开关通常被视为负荷开关。环网柜采用负荷开关来控制正常的电流，同时利用熔断器来消除短路电流，这两种方法共同替代了传统的断路器。当然，这仅限于特定的容量范围内。这种开关柜完全适用于非环网结构的配电系统，因此在其他系统中得到了广泛使用，"环网柜"也就逐渐不再是环网配电的专属定义，变成了对以负荷开关为主的高压开关柜的泛指。环网柜的安装过程十分简单，其箱体所占的土地面积较小，因此可以轻松地放置在街道两旁、住宅区或城市的绿地上，这使得它在工业园区、街道、居住区和繁忙的商业中心等地方被广泛应用于接收和分配电力。

由于通常使用真空开关作为其开断机制，或采用SF6气体的共箱式绝缘材料，户外环网柜的结构设计往往比较紧凑，占地面积较小，外观雅致，并能与周边环境和谐共存。RVAC环网柜内的所有开关部分，包括所有的高压带电体和机构部分，都因为采纳了全密封和全绝缘的设计理念而被完全密封在主箱内部，这样就不会受到凝露或外界污染环境的影响。因此，主箱体的防护等级可以达到IP67等级，并且配备了库柏防水型的可触摸电缆头，这些特点和措施可以有效地防止雨水高发区的偶发性洪水侵害。具体的户外环网柜如图 1-9 所示。

图 1-9 户外环网柜

五、柱上开关

（一）柱上开关定义

柱上开关是一种安装在电线杆上的断路器，其功能是在正常情况下切断和连接线路。当线路出现短路故障时，可以通过操作或继电保护装置来手动或自动切换故障线路。由于其具有结构简单、维护方便等优点，已广泛应用于低压配电系统中。相较于负荷开关，断路器的显著特征是它能够切断短路电流。

（二）柱上开关分类

10kV 柱的开关设计多种多样，它们的性能也存在明显的差异。可根据其不同的特征，按照以下 6 种方法进行分类：

第一，根据生产国的不同，可将其分为国产和进口两大类。

第二，根据触头的灭弧能力，可将其分为断路器以及负荷开关。

第三，根据绝缘介质的差异，可将其分为油绝缘和气体绝缘。其中，油绝缘已基本被淘汰，气体绝缘又可分为空气绝缘、SF6 绝缘等类型。

第四，根据操作机构的不同，可将其分为弹簧操纵机构和永磁操动机构。

第五，根据控制器的不同功能，可将其分为断路器、重合器和分段器。

第六，根据出线套管所用的材料，可将其分为瓷套管和硅橡胶套管等。

1. 柱上断路器

柱上断路器在电力系统中扮演着至关重要的角色。它不仅可以安全地匹配负载电流，而且，它能够迅速且可靠地切断短路电流。此外，它还可以配备带有微机保护功能的控制器，从而为分支线路提供保护。因此，柱上开关被广泛应用于各种高压输电系统。在 20 世纪 50 年代，灭弧介质和绝缘介质都是绝缘油，由于多油断路器的三相触头是同室的，其开断容量低于 1250A，因此在开断故障电流时存在爆炸的风险。由于它的开断性能不佳，且油容易燃烧和泄漏，所以在国内已经基本被淘汰。在 20 世六七十年代之后，SF6 柱上的共箱式断路器开始出现。这种断路器使用 SF6 气体作为灭弧和绝缘的介质，并采纳了旋弧、压气、自能等多种灭弧室的设计。其显著特点是能够满足用户的开断需求，并且能够支持较长时间的运行周期，降低了维护成本，然而由于其小巧的外形尺寸和严格的密封标准，也使得其制造工艺难度较高。 从 20 世纪 80 年代开始，共箱式和分相式柱上真空断路器开始出现。这些断路器具有更强的灭弧能力，并且使用寿命更加持久，能够支持更加频繁的操作需求，且开断容量也有提升。但需要解决外部绝缘和操作过电压等问题，这也使它们的结构复杂度和成本都相对较高。SF6 断路器与真空断路器的开断电流均达到或超过 16kA，而其开断短路电流的频率可以高达 30 次，在 10~20 年的时间里可以避免维护工作。此外，该设备还配备了电动操作和控制器，以实现智能化和"三遥"功能。户外真空断路器（普通型）实物外观如图 1-10 所示，户外真空断路器（智能型）实物外观如图 1-11 所示。

图 1-10　户外真空断路器（普通型）实物外观

图 1-11 户外真空断路器（智能型）实物外观

2. 柱上负荷开关

负荷开关是一种位于断路器和隔离开关之间的开关电器，它的设计较为简洁，并具有与隔离开关相似的可见断点。负荷开关配备了简易的灭弧装置，能够切断规定的负荷电流和一定的过载电流，但是无法切断出现故障的电流。因此，能否切断短路电流，是负荷开关和断路器之间的主要差异。由于断路器成本较高，可通过将负荷开关与高压熔断器串联，形成一个负荷开关与熔断器的组合电器系统。该系统使用负荷开关来切断负荷电流，同时使用熔断器来切断短路电流和过载电流。在功率相对较低或不太重要的场合，这种组合电器可以替代价格较高的断路器，从而降低配电设备的成本，并且其操作和维护过程相对简单，可使用真空技术和 SF6 进行灭弧处理。该设备主要通过搭载智能控制器来达到网络自动化的目的。柱上开关如图 1-12 所示。

图 1-12　柱上开关

（三）柱上开关结构

柱上的真空开关可以根据其绝缘材料分为 SF6 绝缘真空断路器和空气绝缘真空断路器。SF6 绝缘真空断路器的结构设计为三相共箱，使用弹簧作为操作装置，并使用真空灭弧和 SF6 绝缘技术。其电流互感器可以设置在内部，并通过电缆或端子进行出线。外部可以选择安装隔离设备，包括吊式和坐式。空气绝缘真空断路器同样使用了真空灭弧技术，但没有采用 SF6 绝缘技术，而是选择采用空气绝缘技术，其结构设计为三相固封极柱式，并配备了弹簧或永磁操作机构。电流互感器被安装在外部，采用端子出线方式，外部还配备了隔离装置，并采用坐式安装方式。

开关由本体、操作机构、控制器三部分组成（可内置隔离开关）。开关根据需要可配置 CT（保护电流互感器）、ZCT（零序电流互感器）、PT（电压互感器），作为控制器的检湿测器。

柱上断路器的型号如图 1-13 所示。

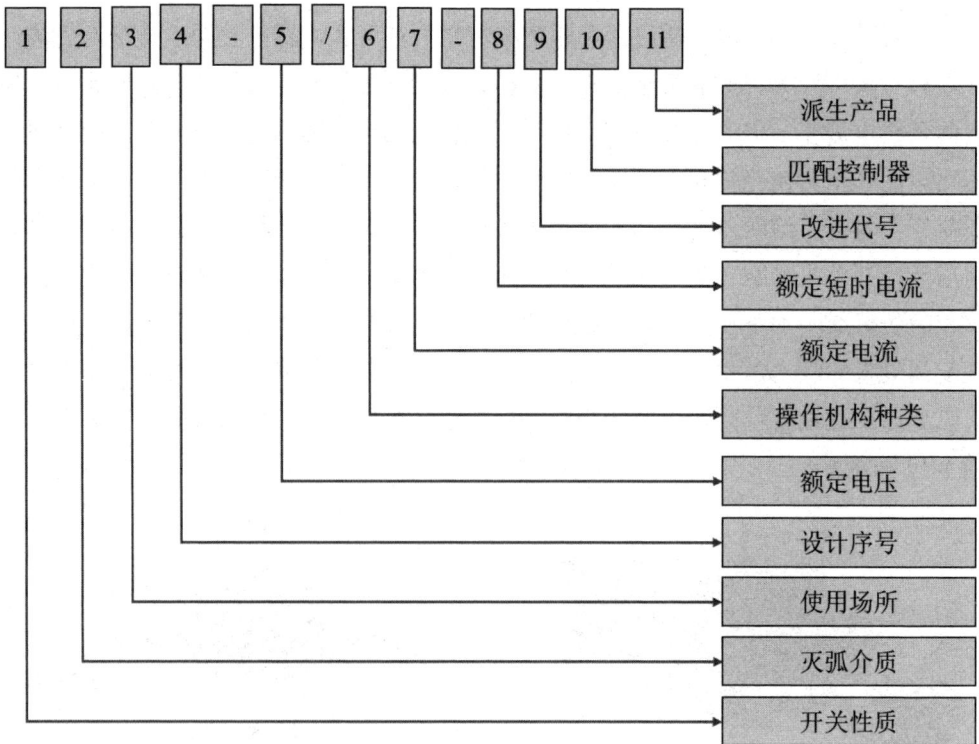

图 1-13　柱上断路器型号示意图

其型号具体含义与分类见表 1。

表 1 柱上开关型号含义表

序号	含义	分类
1	开关性质	F- 负荷开关
		D- 断路器（可省略）
2	灭弧介质	Z- 真空
		L-SF6
3	使用场所	W- 户外
4	设计序号	20、28、32、34、43
5	额定电压（kV）	12/24
6	操作机构种类	T- 弹簧机构
		M- 永磁机构
7	额定电流（A）	630、1250
8	额定短时电流（kA）	断路器的额定短时开断电流
		负荷开关的额定短时耐受电流
9	改进代号	S- 固体绝缘
10	匹配控制器	F- 分界型
		Y- 电压型
		D- 集中型
11	派生产品	G- 带隔离
		G2- 带双隔离

说明：以上参数中没有的项目可省略。以 ZW32 型为例介绍内部结构，如图 1-14 所示。

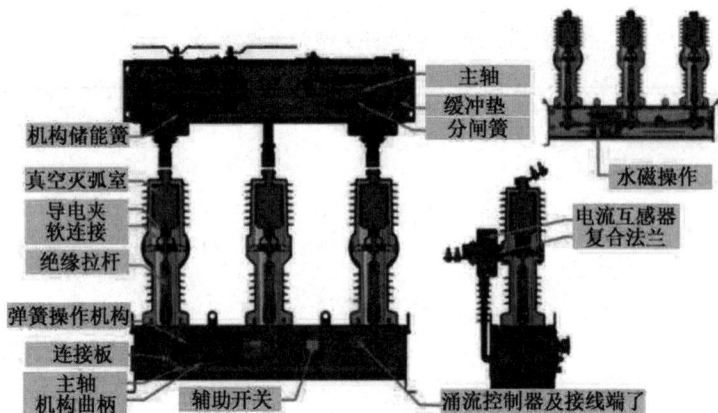

图 1-14　断路器内部结构

（四）柱上开关用途

重合器由 FTU+ 断路器组成，能够在切断短路电流后自动执行多次重合操作，以恢复线路的电力供应。

分界开关，主要用于断开分支线路的故障，确保主电网的稳定运行。它由 FTU+ 分界型负荷开关或 FTU+ 分界型断路器组成，并在开关内部安装了零序互感器，具备单相接地的保护功能。

分段开关是一种在主线路出现故障的情况下，通过顺序分闸的方法来隔离故障点的装置，通常安装在主线路的分段点上，由 FTU+ 电压型负荷开关组成。在存在后端和光纤等高速通信通道的情况下，可以使用 FTU+ 断路器作为分段开关，由主控站进行故障判断并进行切断，无需权限进行停电和重新合闸操作。

联络开关通常是由 FTU 和电压型的负荷开关组合而成。在双电源环网供电的情况下，当线路一侧出现失电现象时，联络开关能够迅速合闸，以确保线路的电力供应。

注：FTU 是一个馈线终端控制器，其主要功能是收集和分析传送柱上的开关信号。

六、互感器

（一）互感器定义

互感器（instrument transformer）是一种能够按比例调整电压或电流的装置。它在电力系统中应用非常广泛，如电能计量装置、继电保护装置等都离不开互感器。该设备的主要功能是将高电压或大电流按照一定比例转化为标准低电压（100V）或标准小电流（5A 或 1A），从而实现测量仪器、保护设备等功能，有利于实现自动控制设备的标准化和小型化，并将高电压系统与测量系统进行隔离，确保人员和设备的安全性。

（二）互感器分类

互感器分为电压互感器和电流互感器两大类。

1. 电压互感器

电压互感器可以译为 potential transformer，简称 PT，也可以译为 voltage transformer，简称 VT。与变压器有许多相似之处，电压互感器主要用于电压转换。变压器调整电压的主要目标是便于电能的传输，因此其容量相当大，通常采用千伏安或兆伏安作为其计算基准。然而，电压互感器的主要目的不是进行电能传输，而是给测量仪表以及继电保护装置提供测量电源和依据，从而实现对线路上的电压等电气参量的测量。它也具有在线路故障时，为线路上贵重设备、电机等提供保护的功能。综上所述，电压互感器对容量的需求通常较小，通常采用伏安作为其计算基准，最大也不会超过千伏安。

电压互感器与变压器在基础构造上有许多相似之处，它同样拥有两个不同的绕组，分别被称为一次绕组和二次绕组，均缠绕在铁芯上。两个绕组以及绕组与铁芯之间都进行了绝缘处理，从而确保了它们之间存在可靠的电气隔离。当电压互感器处于工作状态时，其一次绕组 N1 以并联的形式与线路相连，而二次绕组 N2 则同样以并联的形式与仪器或继电器相连接。因此，在对高压电线上的电压进行测量时，尽管一次侧电压相当高，但二次侧电压实际上是较低的，这有助于确保操作者和仪器设备的安全性。

图 1-15 电压互感器

如图 1-15 展示的是电压互感器，这些电压互感器根据不同依据可以进一步划分为几个不同的类别：

根据安装的位置，可以将其分为户内式与户外式。35kV 或更低电压通常被设计为室内模式；35kV 或更高电压适用于户外式。基于相数，电压变压器可以被分为单相和三相式两种，但 35kV 或更高电压等级的电压互感器不能被制造成三相式。根据绕组的数量，电压互感器可以被分为双绕组和三绕组。其中，三绕组电压互感器除了一次侧和基本二次侧之外，还配备了一组用于接地保护的辅助二次侧。根据绝缘的方法，它们可以被分为干式、浇注式、油浸式以及充气式。干式电压互感器设计简洁，不存在起火或爆炸的风险，但其绝缘能力相对较弱，仅适用于 6kV 以下的家用设备；浇注式电压互感器具有结构紧凑和易于维护的特点，特别适用于 3kV 至 35kV 的户内式配电系统；油浸式电压互感器具有良好的绝缘特性，适用于 10kV 或更高电压级别的户外配电系统；在 SF6 全封闭电器中则使用了充气式电压互感器。

根据其工作机制，可以将其分为电磁式电压互感器、电容式电压互感器以及电子式电压互感器。基于电磁感应理论，电磁式电压互感器能够按比例调整电压，或者按比例调整电流。电容式电压互感器（capacitance type voltage transformer，CVT）是一种通过串联电容器进行分压，然后通过电磁式互感器进行降压和隔离的电压互感器，它可以用作表计、继电保护等。此外，通过将载波频率耦合到输电线上，电容式电压互感器还可以实现长途通信，也可以实现远程测量、选择性线路高频保护、遥控以及电传打字等功能。电子式电压互感器是由一个或多个与传输系统和二次转换器相连接的电压或电流传感器构成的装置，其主要功能是传输与被测量成正比的数据，并为测量仪器、仪表以及继电保护或控制设备提供支持。

通过电压互感器的铭牌标识，我们可以清晰地识别其种类。电压互感器的型号是由几个部分构成的，每个部分都有字母和符号来表示其内容。其中，首字母 J 一般代表电压互感器。第二个字母 D 表示单相，它是变压器中最重要的一种二次回路，也是电力运行和维护人员必须熟悉掌握的一个内容。S 则用来代表三相变压器。第三个字母 J 代表油浸，Z 代表浇注。第四个字符是数字，它也代表了电压互感器的电压等级。

以 JDJ-10 为例，它代表的是单相的油浸电压互感器，其额定电压为 10kV。额定的一次电压被视为互感器性能的基准电压。额定的二次电压被用作互感器性能的参考基准，即二次电压数值。额定变比是指额定一次电压和额定二次电压的比值。在确定互感器的准确级别时，可以参考额定的负荷数值进行确定，误差应在规定的使用条件下保持在规定的最大范围内。负荷通常用功率（VA）来表示。

2. 电流互感器

电流互感器的工作原理是基于电磁感应技术，其主要功能是将一次侧的大电流转化为二次侧的小电流并进行测量。电流互感器由一个封闭的铁芯和一个绕组构成。其一次侧绕组的匝数相对较少，这些匝数位于需要进行电流测量的电路中。因此，该设备经常会有所有的电流通过其线路，其二次侧绕组的匝数相对较多。当电流互感器工作时，其二次侧回路始终保持闭合状态，这导致测量仪表和保护回路的串联线圈阻抗极低，使得电流互感器的工作状态趋近于短路状态。由于电流互感器的工作原理是将一次侧的大电流转化为二次侧的小电流进行测量，因此二次侧则不能断开连接。

电流互感器又可按不同特质分为不同类型。

按照用途不同，电流互感器大致可分为两类，即测量用电流互感器（或电流互感器的测量绕组）、保护用电流互感器（或电流互感器的保护绕组）。按绝缘介质不同可分为干式电流互感器、浇注式电流互感器油、浸式电流互感器、气体绝缘电流互感器。按安装方式不同可分为贯穿式电流互感器、支柱式电流互感器、套管式电流互感器、母线式电流互感器。按原理分类，可分为电磁式电流互感器、电子式电流互感器。

电流互感器型号中的字母含义如下：

第一字母：L—电流互感器。

第二字母：A—穿墙式；Z—支柱式；M—母线式；D—单匝贯穿式；V—结构倒置式；J—零序，接地检测用；W—抗污秽；R—绕组裸露式。

第三字母：Z—环氧树脂浇注式；C—瓷绝缘；Q—气体绝缘介质；W—与微机保护专用。

第四字母：B—带保护级；C—差动保护；D—D级；Q—加强型；J—加强型ZG。

第五数字：电压等级产品序号。

3. 电子式互感器

随着光纤传感技术、光纤通信技术的飞速发展，光电技术在电力系统中的应用越来越广泛。电子式互感器就是其中之一，而变频功率传感器就是电子式互感器的代表。作为一种电子式互感器，它可以对输入回路的电压和电流进行交流采样，然后通过电缆、光纤等传输系统与数字量输入二次仪表连接。数字量输入二次仪表可以对输入值进行更进一步的运算，从而获取电压有效值、基波电流、基波功率等各种电气参数。

4. 组合互感器

组合互感器是一种将电压互感器和电流互感器融合在一起的互感器系统。通过互感器融合，组合互感器在把高电压转化为低电压的同时，也能够把大电流转化为小电流，从而实现电能的精确测量。

5. 钳形互感器

钳形电流互感器是一种直流传感器，其设计目的是在电力现场测量和计量场景下满足高精度的测量需求。这一系列的互感器是由高导磁性能的材料制作而成，具有很高的精确度。其线性表现出色，且具有很强的抵抗干扰的能力。在使用过程中，用户可以直接将母线或母排固定，这样就不需要切断线路或停电，使用起来非常便捷。该设备能够与多种测量工具配合使用，包括电能表现场校验仪、多功能电能表和示波器等。钳形电流互感器能够在持续供电的情况下，对多个电参数进行精确测量和对比分析。

6. 零序互感器

基于基尔霍夫电流法则，零序电流保护的核心思想为当流入电路的任何节点的复电流的代数总和为零时，当线路和电气设备处于正常工作状态时，所有相电流的矢量总和均为零，这导致零序电流互感器的二次侧绕组不会对外输出信号，各个执行元件也就不会工作。在发生接地故障时，各相电流的矢量和并不为零。因此，故障电流会在零序电流互感器的环形铁芯中产生磁通，互感器的二次侧就会出现感应电压，从而触发执行元件执行动作，驱动脱扣装置切换供电网络，以实现接地故障的保护。

功能描述：当电路遭遇触电或漏电的故障时，系统会启动保护机制，从而中断电源供应。

使用说明：可以在三相各安装一个电流互感器，或者让三相导线共同通过一个零序电流互感器，也可以在中性线 N 上安装一个零序电流互感器，用它来检测三相的电流矢量和。零序电流互感器使用了 ABS 工程塑料作为外壳材料，并通过全树脂浇注来实现密封。这一设计有效地防止了互感器在长时间使用中发生锈蚀的现象。该设备以其高度的灵敏性、良好的线性表现、可靠的运行性能，以及安装的便捷性而著称。该设备的性能明显优越于常规的零序电流互感器，应用范围非常广泛，不仅可以应用于电磁型继电保护，还可以应用于电子和微机保护装置。

七、电力电缆及其附件

（二）电力电缆定义

用于传输和分配电能的电缆。常用于城市地下电网、发电站的引出线路、工矿企业的内部供电及过江、过海的水下输电线。在电力线路中，电缆所占的比重正逐渐增加。电力电缆是在电力系统的主干线路中用以传输和分配大功率电能的电缆产品，其中包括 1kV-500kV 及以上各种电压等级、各种绝缘材质的电力电缆。三芯交联电力电缆如图 1-16 所示。

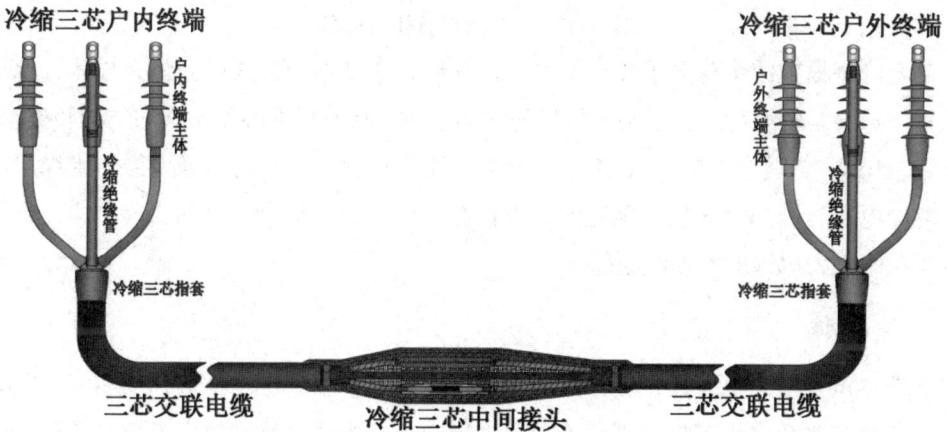

图 1-16 三芯交联电力电缆

（三）电力电缆结构

不论是什么种类电力电缆，其最基本的组成有三部分，即导体、绝缘层和保护层对于中压及以上电压等级的电力电缆，导体在输送电能时具有高电位。为了改善电场分布情况，减小导体表面和绝缘层外表面处地电场畸变，避免尖端放电，电缆还要有内外屏蔽层。总体来说，电力电缆的基本结构必须有导体（也可称线芯）、绝缘层、屏蔽层和保护层，这四部分在组成和结构上的差异就形成了不同类型、不同用途的电力电缆。多芯电缆绝缘线芯之间还需要添加填芯和填料，以利于将电缆绞制成圆形，便于生产制造和施工敷设。其具体结构如图 1-17 所示。

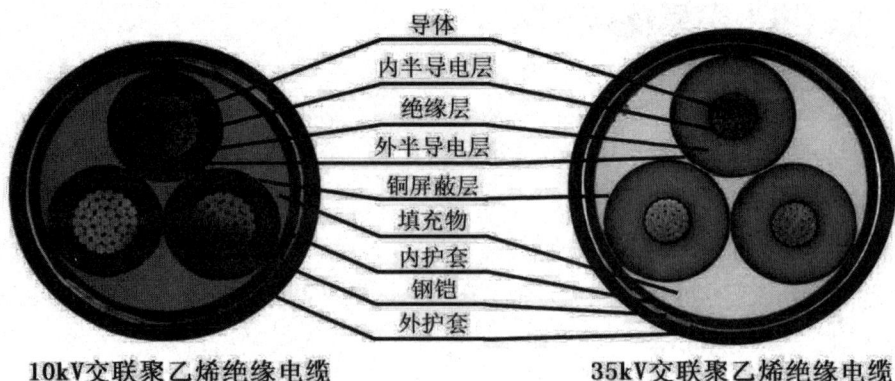

導体
内半导电层
绝缘层
外半导电层
铜屏蔽层
填充物
内护套
钢铠
外护套

10kV交联聚乙烯绝缘电缆　　　　　35kV交联聚乙烯绝缘电缆

图1-17　多芯电缆具体结构图

无论每根电缆中包含了多少根线芯,其结构中基本的组成部分都有导体、绝缘层和保护层。电缆可以由不同的材料和结构组成,从而形成各种不同的结构和类型。例如,10kV交联聚乙烯(XLPE)电力电缆通常包含导体、内半导电层、绝缘层、外半导电层、金属屏蔽层、填充物、内护套、钢铠、外护套,总共9层结构。下面简要介绍电力电缆的基本组成部分。

1. 导体

导体作为电力电缆的传输介质,通常是由具有优良导电特性的铜线和铝线制成的。电力电缆在敷设过程中需要承受较大压力和拉力。为确保电力电缆具备良好的抗拉和伸展性,其铜线或铝线通常会经过绞合和挤压制成,在需要的时候还可能混入钢丝进行绞合。

2. 绝缘层

绝缘层的主要功能是确保不同的导体线芯、导体与其他非输配电部分之间实现绝缘,从而实现电气上的隔离。一般情况下,当电流通过电缆时会产生一定的热效应而破坏绝缘,从而降低供电质量。电缆线路运行的安全性和可靠性在很大程度上受到绝缘材料质量的影响,它是电缆核心结构的一部分。为了保证供电的稳定性和电能质量,这种材料必须能在工作电压条件下长时间维持其绝缘特性,并在电压和温度超出其规定的额定值时能保持短时间的正常运行。在工程上,常用的绝缘材料有塑料、浸渍纸、橡胶等。其中,常见的塑料有PVC、PE、XLPE。这些绝缘材料的热稳定性,也就是长时间的允许工作温度,是决定电缆最高工作温度的关键因素。

3. 保护层

保护层的主要功能是在绝缘层之外提供防护,确保电缆的绝缘不会被电缆的外部结构或外部有害物质侵蚀或损坏，从而确保电线能够持续、安全且稳定地工作。护套的构造和所用材料会因电缆的使用环境、电压等级以及绝缘材质的差异而有所区别。从结构上看，护套可以分为内部和外部两种。而从材料上看，护套可以分为金属护套、橡塑护套及组合护套。金属护套包括如铅、铝和钢。橡塑护套包括PVC、PE和各种橡胶。组合护套则是前两种护套的组合，包括铝-聚乙烯、铝-钢-聚乙烯和铝-聚乙烯粘接等。

（四）电力电缆附件

1. 电缆中间接头

电缆敷设完毕以后，必须将各段连接起来，使其成为一个连续的电缆线路，这些起到连续作用的接点叫作电缆中间接头。电缆中间接头按其功能不同，可分为直通接头、绝缘接头、塞止接头、过渡接头等。

根据使用的材料不同，电缆的中间接头可以分为热缩型、冷缩型、绕包型、模缩型、浇铸型、注塑型、预制部件装配型等。绕包型电缆包括带材绕包和成型纸卷绕包两种。浇铸型电缆，由于主要使用树脂，因此又被称为树脂型电缆。10kV冷缩中间头结构如图1-19所示。

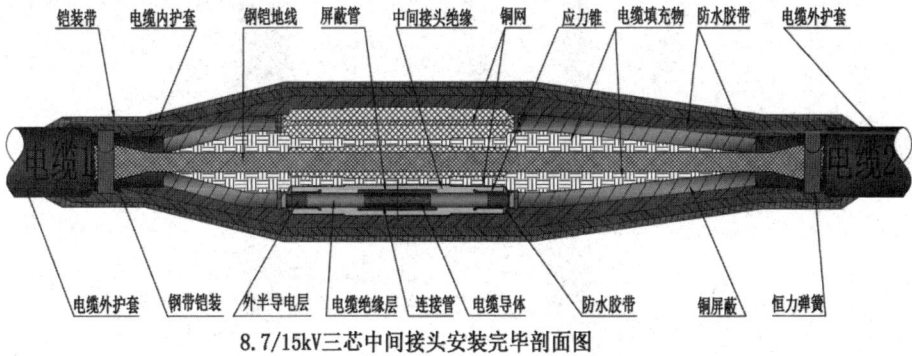

8.7/15kV三芯中间接头安装完毕剖面图

图1-19　10kV冷缩中间头结构图

2. 电缆终端头

电缆的一条线路在其起始或结束部分使用一个保护套管来维护电缆核心的绝缘体，并将电缆核心（导线）与外部的电器设备连接起来。这种特定的套管式绝缘体被称为电缆的终端头。根据使用的材料种类不同，电缆终端头可以分为热缩型、冷缩型、橡胶预制型、绕包型、瓷套型以及浇铸型等多种类型。根据其外观设计的差异，存在扇形、倒挂形和鼎足形等多种形态。10kV冷缩终端结构如图1-20所示。电缆终端头按其功能不同，可分为以下类型：

（1）户内终端头。适用于避免阳光直接照射和雨水打湿的室内条件。

（2）户外终端头。适用于受到阳光直接照射以及风吹和雨打影响的户外环境。

（3）设备终端头。连接的电气设备配备了与电缆连接的特定结构或组件，确保电缆导体与设备之间的连接是完全绝缘的。比如说，用于插入变压器的象鼻式终端头，以及用于中压电缆的可分离连接器等。其中，可分离连接器主要使用硅橡胶或乙丙橡胶作为绝缘材料，常见的类型包括插入式和螺栓式两大类。

（4）GIS 终端头。在 SF6 气体绝缘和金属密封的组合电器中，这是用于电缆的终端头。GIS 终端头作为高压电器的常见配件之一，主要应用于室内配电系统中。

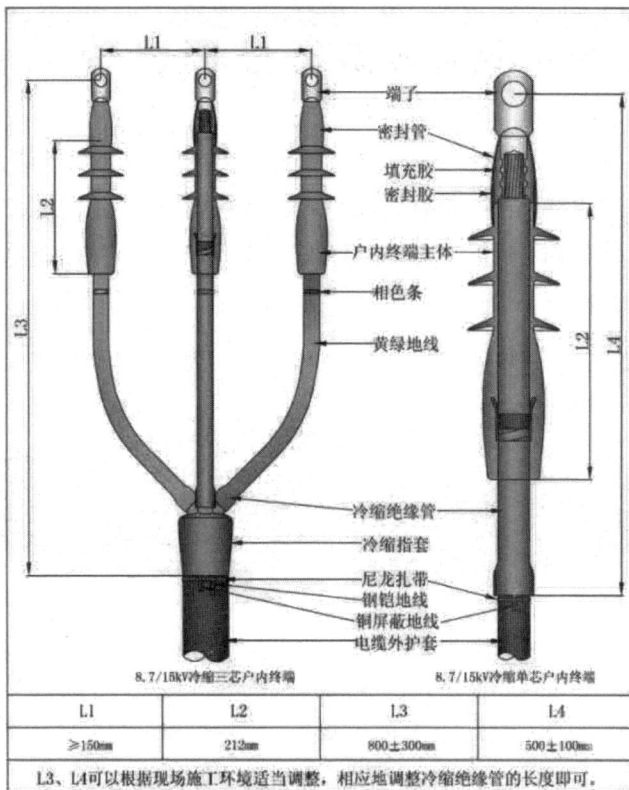

图 1-20　10kV 冷缩终端结构图

八、避雷器

（一）避雷器定义

避雷器是连接在电力线路和大地之间，使雷云向大地放电，而保护电气设备的器具。

（二）避雷器结构

氧化物避雷器主要由 ZnO 阀片构成，如图 1-21 所展示。为了避免表面放电，会在 ZnO 阀片的侧面上釉。为了填补表面的凹孔，并防止电流在局部区域过度集中，会在 ZnO 阀片表面镀铝。

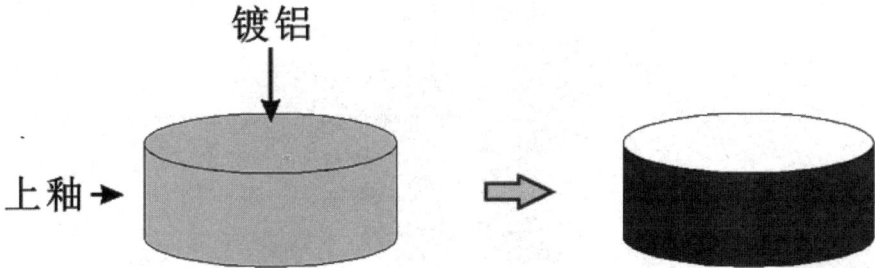

图 1-21　Zn0 阀片

非线性电阻是 ZnO 避雷器的关键部件，是由多个 ZnO 阀片组成的。而非线性电阻部件的堆叠层数会因电压级别的差异而有所区别。图 1-22 展示了硅橡胶复合外套避雷器的简要构造。

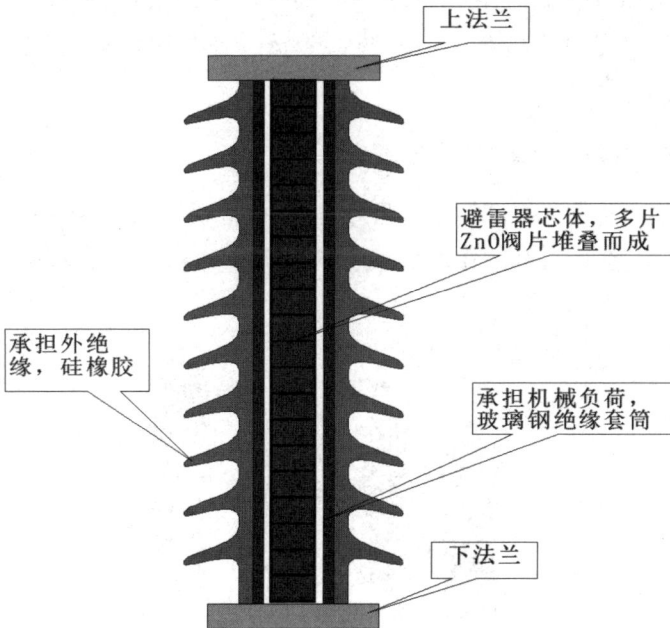

图 1-22　Zn0 避雷器结构

（三）避雷器分类

1. 金属氧化物避雷器

金属氧化物避雷器又称氧化锌避雷器，一般可分为无间隙和有串联间隙两类。在此主要介绍无间隙氧化锌避雷器。金属氧化物避雷器如图 1-23 所示。

图 1-23　金属氧化物避雷器

阀式避雷器的工作机制为：在正常工频电压的作用下，阀式避雷器的火花间隙不会被击穿。但是，在雷电波和过电压的影响下，避雷器的火花间隙会被击穿。因此，其非线性电阻的阻值会随着电压的突然增大而减小，过电流则会通过电阻流入大地。而电阻阀片会对随雷电流而来的工频电压产生很大的电阻，从而阻断工频电流，使线路恢复正常运行。

2. 阀式避雷器

主要由瓷套、火花间隙和阀型电阻片组成，其外形结构如图 1-24 所示。阀型避雷器的优点是运行经验成熟，缺点是密封不严，易进潮失效，甚至引发爆炸。

FS3-6　FS3-10　FS4-6　FS4-10

图 1-24　阀型避雷器

工作原理：阀式避雷器在正常的工频电压作用下火花间隙不被击穿，但在雷电波、过电压下，避雷器的火花间隙被击穿，非线性电阻的阻值随电压突然变大而变小，过电流通过电阻流入大地，电阻阀片对随雷电流而来的工频电压呈现很大的电阻，从而使工频电流被火花间隙阻断，线路恢复正常运行。火花间隙和电阻阀片密切配合，像阀门一样打开关闭，所以称为阀式避雷器。阀式避雷器结构如图1-25所示。

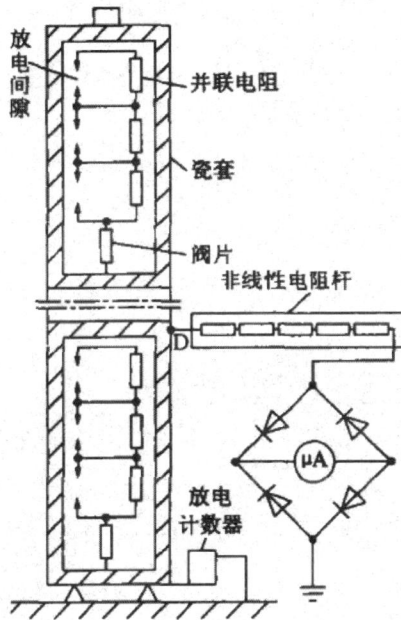

图1-25 阀式避雷器结构图

3. 管式避雷器

管式避雷器，又称排气式避雷器，是电力系统中的重要保护装置。它包含了灭弧管，其中有火花缝隙，由棒状和环状电极组成。当遭遇雷电或过电压时，避雷器内外的间隙会被击穿，导致过电流通过接地线流入地面，从而保护电力系统和设备。这时会产生强烈的电弧，电弧在管壁上燃烧并释放大量气体，迅速熄灭电弧。灭弧管通常由纤维胶木或其他高温条件下能产生气体的材料制成。它的作用是将灭弧管或避雷器与整个系统隔离，帮助电力系统恢复正常运行状态。具体结构如图1-26所示。

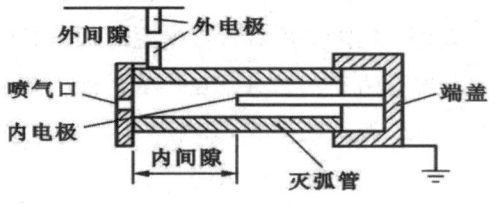

图 1-26 管式避雷器具体结构

避雷器型号特征如图 1-27 所示。

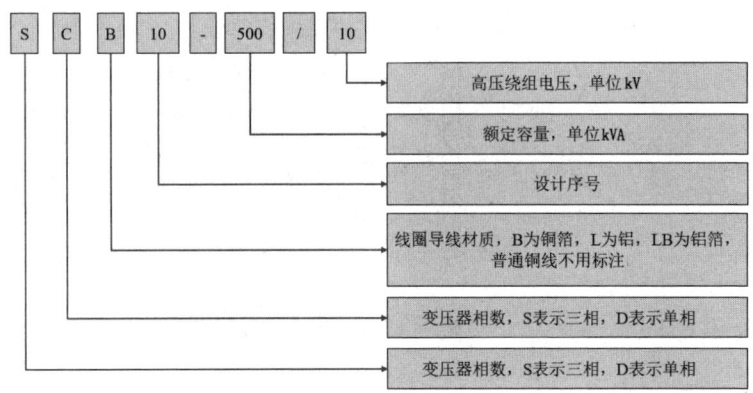

| S | C | B | 10 | - | 500 | / | 10 |

- 高压绕组电压，单位 kV
- 额定容量，单位 kVA
- 设计序号
- 线圈导线材质，B 为铜箔，L 为铝，LB 为铝箔，普通铜线不用标注
- 变压器相数，S 表示三相，D 表示单相
- 变压器相数，S 表示三相，D 表示单相

图 1-27 避雷器型号特征图

（四）避雷器用途

当雷电过电压或操作过电压来到时，使其急速向大地放电；当电压降到发电机、变压器或线路的正常运行电压时，则停止放电，以防止正常电流向大地流通。

第二章 配电变压器主要典型故障分析

第一节 油浸式配变典型故障

一、油变典型故障1：制作工艺不良

（一）故障情况说明

1. 故障过程描述

2020年12月，10kV某线路216断路器零序Ⅱ段跳闸，自动重合闸不成功，手动合闸不成功。经检修人员检查发现该线路049变压器本体故障。

2. 故障设备基本情况

故障变压器参数、型号：S11-MRL-630/10，联结组别：DYN11，出厂日期：2011年1月，投运时间：2011年8月。

故障发生时，该变压器所带负荷未达到最高峰，其中A相225A，B相200A，C相240A。经运行单位反馈和查阅相关系统可知，该变压器自投运起至本次故障发生期间，变压器负荷正常，无异常情况。

（二）故障检查情况

1. 试验情况

（1）绝缘测试：绝缘电阻测试值正常。

（2）直阻测试：高压绕组直流电阻测试值正常；但是低压绕组直流电阻值a相偏大（ao：0.001 233Ω，bo：0.001 066Ω，co：0.001 067Ω），相间不平衡率为14.89%，远超出标准要求（标准＜4%）。

（3）绝缘油试验。故障变压器绝缘油试验情况：绝缘油耐压试验值41kV，满足标准要求（标准 ≥30kV），但是色谱试验数据异常。

表2-1 变压器绝缘油色谱试验数据（μL/L）

氢气	甲烷	乙烷	乙烯	乙炔	一氧化碳	二氧化碳	总烃
3245	682.26	313	1846	2548	2080	3175	5390

由表2-1可看出，故障变压器绝缘油中乙炔含量达到2548μL/L，远大于注意值5μL/L，根据改良三比值法，判断其故障类型为高能量电弧放电性故障，故障部位

多见于线圈匝间、层间短路，相间闪络，引线对箱体放电等。

2. 解体情况

对该油浸式变压器进行吊芯检查，上、下夹件没有固定牢靠，该变压器上、下夹件依靠六根螺杆上下螺母固定，其中两根紧固螺杆上端螺母有明显的松动现象。如图 2-1 所示。

图 2-1　整体绕组从油箱内吊出结构及夹件紧固螺杆螺母松动位置

故障变压器解体后，检查发现其内部低压 a 相绕组首端（a 点）引出铜排与绕组尾端（o 点）引出铜排间隙没有绝缘纸板隔离，此间隙处有明显的电弧灼烧后的痕迹，绕组尾部（o 点）与铜排焊接点内侧有一明显的尖端焊瘤，如图 2-2 所示。

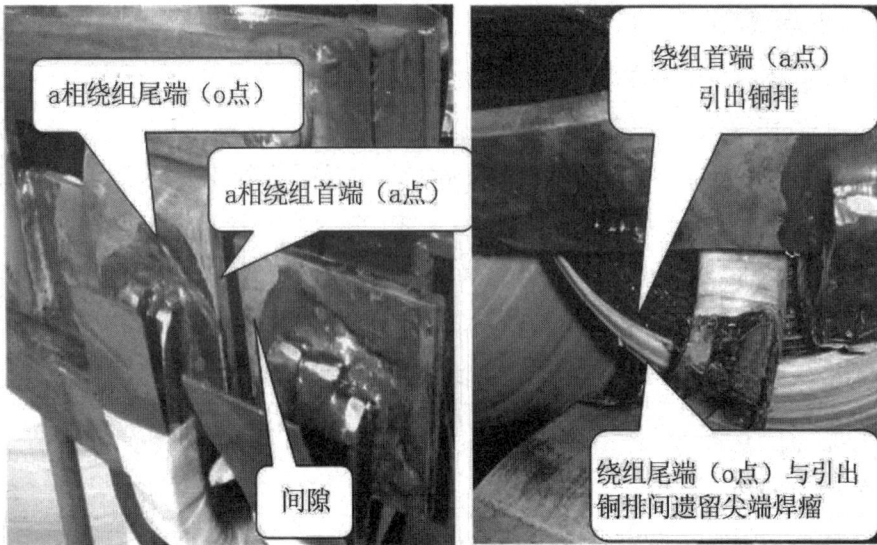

图 2-2　低压 a 相绕组首端及尾端引出铜排间电弧灼烧部位

高压 A 相绕组拆解后，可看到低压 a 相绕组离电弧灼烧铜排下方约 20cm 处存在明显的匝间绕组烧熔后的痕迹，如图 2-3 所示。

图 2-3 低压 a 相绕组内部匝间短路烧熔情况

（三）故障原因分析

根据解体情况，认为这起变压器故障发生的原因主要是变压器制作工艺不良，具体分析如下：

低压绕组 a 相的绕组首端（a 点）引出铜排与该相绕组尾端（o 点）引出铜排间隙没有绝缘纸板隔离，在绝缘强度降低的情况下，这个位置容易产生 a 相绕组的首端（a 点）与尾端（o 点）短路。

变压器在运行过程中，由于电流的作用，变压器高、低压绕组必然受到横向、纵向电场力的作用，由于上、下夹件有两根紧固螺杆的上端螺母没有拧牢靠，在电动力的作用下，变压器绕组、引线必然受到电场力的作用，导致低压绕组及其引线松动，引起它们之间的间隙变小。

低压 a 相绕组首端（a 点）引出铜排与绕组尾端（o 点）引出铜排间隙中存在一焊接遗留的尖端点，使间隙内部电场分布极不均匀，尖端点的击穿电压远远低于正常油道间的放电电压（在运行过程中间隙中充满绝缘油）。当系统扰动引起过电压导致 ao 绕组过电压产生或者间隙距离在电流电动力的作用下缩小到某一数值时，间隙内尖端点对铜排产生持续放电，在放电部位拉出电弧，它的能量非常集中，燃烧过程中的温度很高，能在很短的时间内产生几千摄氏度的高温，灼烧铜排产生烧熔痕迹。同时，产生的电弧也使变压器绝缘油劣化，导致油中乙炔含量严重超标。

由于放电部位处于低压绕组的首、尾端，相当于低压绕组的首、尾端短路，在绕组内部产生很大的短路电流，强大的短路电流在 a 相绕组内部产生高温，温度持续上升导致低压绕组匝间的绝缘介质发热、烧熔，使其绝缘性能丧失，发生热击穿（在匝间绝缘薄弱处），最终引起低压绕组匝间短路烧熔。

（四）故障防范措施

（1）这起故障主要是制造厂对变压器安装制作工艺质量控制不严造成的，具有一定的必然性。为避免今后类似故障事件的发生，应在生产及监造环节对油浸式配电变压器工艺质量做出相应的防范措施。

（2）低压绕组首端引出铜排与尾端引出铜排之间的间隙要加强绝缘强度，应加装绝缘纸板隔离，使绝缘纸板绑扎固定。

（3）低压绕组与引出铜排的连接工艺应严格按技术标书要求执行，注意检查绕组与引出铜排间的焊接质量，不能留下尖端焊瘤，同时在焊接处应使用绝缘纸带包扎严密。

（4）在变压器整体组装完毕及干燥处理后，应对变压器的夹件紧固螺杆进行检查确认，把上、下夹件紧固螺杆的螺母拧紧牢靠，并做好相应的画线标记。

（5）配电变压器出厂验收应增加中间验收环节，在变压器整体绕组组装完毕、干燥完成吊入油箱前，应检查变压器整体的制造工艺质量，详细检查绕组与引出铜排间的焊接质量、夹件固定情况、引线间绝缘措施是否足够等。

二、油变典型故障 2：低压短路造成低压配电箱故障

（一）故障情况说明

1. 故障过程描述

2021 年 12 月 4 日，某 10kV 线路 030 变压器配电箱着火，造成该变压器一次熔丝两相掉落，抢修人员将配电箱拆除后，试送变压器一次熔丝，测量低压侧电压正常。5min 后，该路上级电源开关零序 I 工段跳闸，重合不成功，试送零序 II 段跳闸不成功，发现该变压器故障喷油。

2. 故障设备基本情况

故障变压器参数，型号：S13-M-315/10，联结组别：Yyn，出厂日期：2014 年 1 月，投运时间：2014 年 8 月。

故障低压配电柜为某厂家 2014 年 11 月生产的 HDJP 型非金属低压无功补偿柜。

该变压器离故障发生时刻最近一次负荷测量结果，2014 年 12 月 3 日晚间负荷电流（低压）：a 相为 198A，b 相为 201A，c 相为 205A。

（二）故障检查情况

1. 试验情况

对该变压器进行绝缘电阻和直流电阻试验，试验相关信息见表 2-2。通过绝缘电阻试验可判断高压绕组正常，低压绕组对地发生击穿。通过直流电阻试验可判断高压绕组正常，低压 B 相绕组短路。

表 2-2　试验情况

绝缘电阻（MΩ）	高压对低压及地		低压对地	
	5000		0	
直流电阻（Ω）	高压侧	AB	BC	CA
		2.919	2.909	2.941
	低压侧	a0	b0	c0
		0.002 172	0.0003 57	0.002 171

2. 解体情况

对该故障变压器解体发现：

（1）压力释放阀有喷油痕迹；

（2）B 相低压绕组发生明显向上位移，导致变压器部分铁芯硅钢片错位；

（3）铁芯硅钢片与金属夹件之间绝缘距离减少，并有明显的放电痕迹；

（4）B 相低压绕组匝间多处放电，且已经烧断；

（5）三相铁芯上均有不同程度的放电痕迹。

相应照片如图 2-4 至图 2-9 所示。

图2-4 压力释放阀喷油痕迹

图2-5 变压器B相低压绕组发生位移

图2-6 变压器铁芯硅钢片错位

图2-6 变压器铁芯与夹件之间的放电点

图2-6 B相低压绕组烧断位置

图2-9 铁芯放电痕迹

对低压配电柜解体发现：

①低压配电柜后柜门有明显过火痕迹，燃烧后的碳素粉末充满整个柜内；

②熔断器式隔离开关已经完全烧毁，且C相开关烧毁最为严重；

③C相进线母线固定螺母与螺栓已完全烧毁，与其相邻的B相进线母线也有明显的电弧烧伤痕迹；

④C相开关上静触头已经完全烧毁，B相开关上静触头也存在严重的电弧烧蚀

痕迹，A 相烧蚀痕迹相对较轻；三相开关下静触头均存在电弧烧蚀痕迹；

　　⑤B、C 两相熔断器的瓷件已经破损，测量三相熔断器均为导通状态；

　　⑥出线开关内部无放电痕迹，结构完好；

　　⑦放电点处母排的电气间隙距离符合要求。B、C 相母排电气间隙为 45mm，大于 GB7251.1—2013《低压成套开关设备和控制设备　第 1 部分：总则》中规定的值（非均匀电场 8mm，均匀电场 3mm）。

　　相应照片如图 2-10 至图 2-18 所示。

图 2-10　低压配电柜内部情况

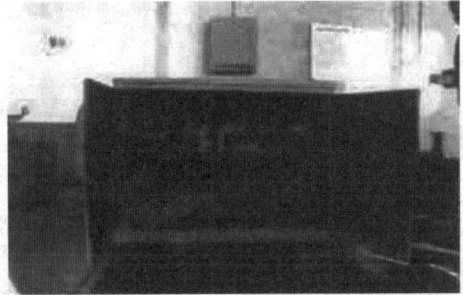

图 2-11　出线开关外观

图 2-12　上静触头烧蚀情况

图 2-13　烧毁的 C 相开关进线

图 2-14　B、C 相熔断器已经破损的瓷件

图 2-15　下静触头烧蚀情况

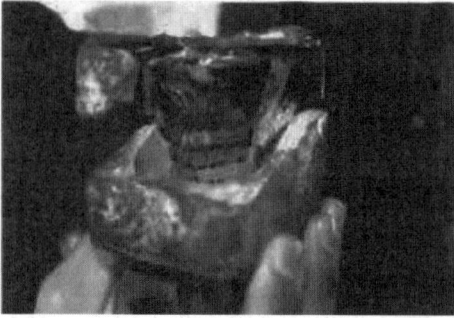

图 2-16　C 相熔断器内部情况

图 2-17　出线开关内部与母线连接处

图 2-18　出线开关内部

（三）故障原因分析

1. 低压配电柜故障原因分析

对低压配电柜进行解体以及现场测负荷记录的结果进行分析，可以判断设备故障时低压配电柜馈线侧并不存在过负荷或相间短路现象，否则低压馈线开关内部会有明显的动作或过火痕迹。通过计算可知，熔断式隔离开关所配熔断器能够承受变压器二次侧的正常工作电流，且可有效阻断低压侧相间短路造成的故障电流。另外在解体过程中发现熔断器内熔丝并未烧断，这也可进一步说明低压配电柜的故障并不是由来自馈线端的短路电流导致的。现场检查放电点附近母排的空气绝缘距离符合标准，因此可排除绝缘距离不够导致裸露母排形成相间放电的可能性。

通过解体检查可以基本断定低压配电柜故障点为熔断式隔离开关上与进线母线连接处，故障原因可能为熔断式隔离开关上静触头与动触头连接不够紧密，导致接触电阻增大，致使接触面附近热量聚集，在运行一段时间之后，积蓄的热量使熔断式隔离开关外部塑料罩熔化，进而导致裸露的 B、C 相母线发生相间短路，最终烧毁整个熔断式隔离开关。

2. 配电变压器故障原因分析

变压器由于低压配电柜故障导致一次熔丝跌落，拆除故障低压配电柜后再次送电，变压器则发生故障。由此可知，变压器故障与低压配电柜的故障有直接联系，低压配电柜进线母排相间短路，相当于变压器低压侧出口短路（配电变压器与低压配电箱之间通过十余米电缆相连）。由于故障点在低压熔断式隔离开关之上，其并未通过故障电流，因此无法保护变压器，结果就是变压器一次熔丝动作，但此时变压器内部已经承受了故障电流的冲击，难免出现匝间或层间绝缘薄弱环节。拆除故障低压配电柜后再次送电时，必然发生变压器绕组击穿和烧毁的现象。

通过分析可知，变压器故障是由于低压配电柜内部发生相间短路，故障点距离变压器低压侧较近，且无有效保护措施，导致故障范围扩大造成变压器低压绕组受损，再次送电后出现变压器故障停电。

（四）故障防范措施

（1）低压配电柜故障原因为熔断式隔离开关进线母排之间发生相间短路，进而烧毁整个熔断式隔离开关，导致设备停电。

（2）配电变压器故障原因为低压绕组相间短路后致使低压绕组匝间或层间绝缘减弱，再次送电后导致变压器发生停电故障。

（3）建议梳理低压配电柜厂家同批次产品，严格施行到货检验与施工验收工作，杜绝因产品或施工质量不合格带来的隐患。

三、油变典型故障 3：产品质量问题导致配电变压器故障

（一）故障情况说明

1. 故障过程描述

2016 年 1 月 16 日 21 时 03 分，某 110kV 变电站 10kV5 号母线接地，$Ua=Ub=10kV$，$Uc=2kV$；通过拉合站内开关和查线发现该站所带 10kV 线路 92/5/23 号杆变压器 B 相和 C 相高压熔丝管跌落，初步怀疑变压器本体故障。

2. 故障设备基本情况

故障变压器为某公司生产的 S13-MZT-315（100）/10/0.4 型自动调容调压变压器，2015 年 10 月生产，于 2015 年 12 月投运。额定容量 315kVA 时，联结组别 Dyn11；额定容量 100kVA 时，联结组别 Yyn0。出厂序号 5374。

（二）故障检查情况

1. 试验情况

（1）直流电阻试验。对该变压器进行绕组直流电阻试验，低容时高压侧和低压侧的直流电阻试验结果见表 2-3；高容时高压侧和低压侧的直流电阻试验结果见表 2-4。

表 2-3 低容时绕组直流电阻试验数据

相别		分接位置				
		1	2	3	4	5
高压侧	AB（Ω）	50.80	50.50	50.72	51.04	50.44
	CA（Ω）	9.32	9.06	8.82	8.58	8.32
	BC（Ω）	51.11	50.62	51.23	50.70	50.95
低压侧	a0（Ω）	0.005 838				
	b0（Ω）	0.005 802				
	c0（Ω）	0.005 923				

表 2-4 高容时绕组直流电阻试验数据

相别		分接位置				
		1	2	3	4	5
高压侧	AB（Ω）	4.102	4.271	4.389	4.490	4.614
	CA（Ω）	4.107	4.277	4.396	4.498	4.620
	BC（Ω）	8.195	8.515	8.745	8.971	5.865
低压侧	a0（Ω）	0.002 099				
	b0（Ω）	0.002 152				
	c0（Ω）	0.002 146				

根据规定，1.6MVA 及以下的变压器，相间差别一般不大于三相平均值的 4%，线间差别一般不大于三相平均值的 2%。试验结果表明该变压器在低容和高容两种状态下高压侧绕组直流电阻值均不合格，低压侧绕组直流电阻合格。

由表 2-3 可知，低容时高压侧 AB 和 BC 相数值偏大，表明 AB 和 BC 相绕组有断股现象；由图 2-19 中低容时调容开关与高压绕组连接示意图可知，试验测得的

AB 相直流电阻数值应为 A 相和 B 相直流电阻数值之和，BC 相直流电阻数值应为 B 相和 C 相直流电阻数值之和，初步判定可能 B 相存在断股现象。

由表 2-4 可知，高容时高压侧 BC 相数值较 AB 和 CA 相数值偏大，由图 2-20 中高容时调容开关与高压绕组连接示意图可知，试验测得的 BC 相直流电阻值为 $R_B//（R_A + R_C）$，但 AB 和 CA 相直流电阻值几乎相等，即可判断 B 相绕组有断股现象。

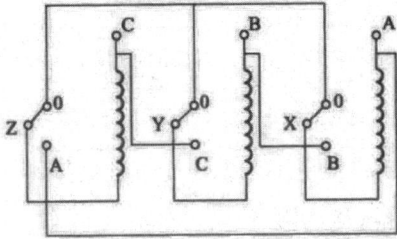

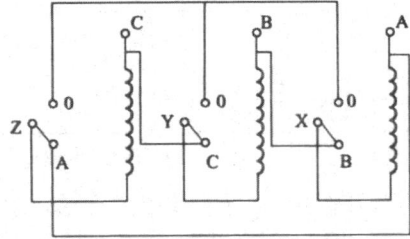

图 2-19　低容时调容开关与高压绕组连接示意　图 2-20　高容时调容开关与高压绕组连接示意图
　　　　　图（星接）　　　　　　　　　　　　　　　　（角接）

（2）绝缘电阻试验。对该变压器进行绝缘电阻试验，试验结果见表 2-5。

表 2-5　绝缘电阻试验数据

低压对高压及地（MΩ）	高压对低压及地（MΩ）	高压对低压（MΩ）
>10 000	19	7010

根据规定，该变压器绝缘电阻试验不合格，表现为高压对地无绝缘，表明变压器内部高压侧有接地现象。

（3）电压比测量及联结组标号检定。对该变压器进行电压比测量及联结组标号检定，低容试验结果见表 2-6，高容试验结果见表 2-7。

表 2-6　低容电压比及联结组标号试验数据

电压比	分接位置				
	1	2	3	4	5
U_{AB}/U_{ab}	−0.12%	−0.18%	−0.18%	−0.12%	−0.12%
U_{BC}/U_{bc}	−9.99%	−9.99%	−9.99%	−9.99%	−9.99%
U_{CA}/U_{ca}	−6.17%	−6.38%	−6.50%	−5.55%	−6.80%
联结组别	Yyn0				

表 2-7　高容电压比及联结组标号试验数据

电压比	分接位置				
	1	2	3	4	5
U_{AB}/U_{ab}	0.35%	0.30%	0.34%	0.36%	0.37%
U_{BC}/U_{bc}	−7.97%	−8.04%	−8.49%	−8.77%	−9.15%
U_{CA}/U_{ca}	−7.71%	−8.22%	−8.46%	−8.56%	−8.94%
联结组别	Dyn11				

根据规定，额定分接电压比允许偏差为 ±5%。该变压器电压比试验结果不合格，表现为 U_{BC}/U_{bc} 和 U_{CA}/U_{ca} 超出允许值；该变压器联结组标号检定合格。

（4）交流耐压试验。通过对该变压器进行交流耐压试验，在加压的过程中发现电压始终为零，电流突增，耐压试验不合格。

2. 解体情况

通过对故障变压器进行解体，如图 2-21 至图 2-24 所示：

（1）高压侧 A 相和 B 相套管周边均有喷油的痕迹。

（2）该变压器 B 相绕组与其他两相相比，B 相整体变形且上移，且与 B 相绕组对应的上夹件部位有放电烧蚀痕迹。

（3）B 相高压侧绕组最外一层高压绕组明显上移，高压绕组的上段部分存在断股现象（匝间、层间均有烧蚀痕迹）；低压侧绕组、低压与高压之间的绝缘筒未见放电烧蚀现象。

图 2-21　送检变压器整体外观情况

图 2-22　故障变压器吊芯整体情况

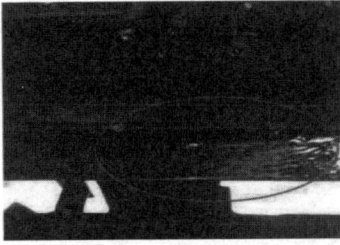

图 2-23　上夹件放电烧蚀痕迹（与 B 相绕
　　　　组对应部分）

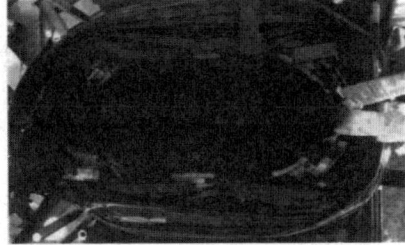

图 2-24　B 相高压绕组扭曲变形

对有载调容开关解体发现：

（1）有载调容开关内绝缘油已被烧黑，如图 2-25 所示。

（2）开关箱体的 B 和 B0 静触头有放电烧蚀痕迹，选择开关相对应的动触头 B0 也有烧蚀痕迹，如图 2-26 所示。

图 2-25 有载调容开关油已被烧黑

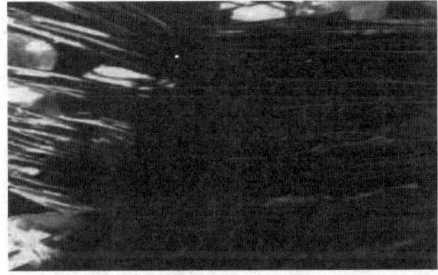

图 2-26 B 相高压绕组上段部分断股痕迹

（三）故障原因分析

1. 控制器历史信息分析

通过采集到的信息可知，该变压器在 2016 年 1 月 16 日 7 时 14 分自动投切到低容状态后，就没有其他的数据信息采集（后几条记录为进行试验时手动操作的记录）。1 月 16 日 21 时 03 分，该变压器发生故障。根据历史信息记录发现，该变压器一天自动投切两次，基本上在早上 7 时左右自动投切到低容状态，晚上 9 时左右自动投切到高容状态。由此可以初步判断，该变压器在 1 月 16 日 21 时左右由于负荷超出限值理应自动投切到高容状态时发生故障。

2. 有载调容开关投切过程分析

根据变压器调容原理画出选择开关从低容投切到高容的动作示意图（高压端），如图 2-27 所示。

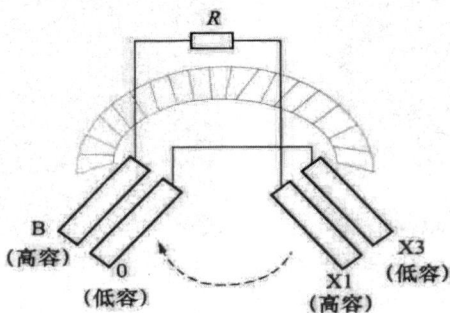

图 2-27 选择开关从低容投切到高容动作示意图（高压端）

根据低容状态和高容状态下开关触头示意图（高压端），实现变压器高压端的星角转换（Y→D）。可知低容时选择开关动触头 0 和 X3 与开关箱体静触头 0 和 X3 对应连接，调容投切时选择开关带动动触头顺时针旋转，到高容时动触头 B 和 X1 与静触头 B 和 X1 连接（另两相对应连接），如图 2-28 和图 2-29。

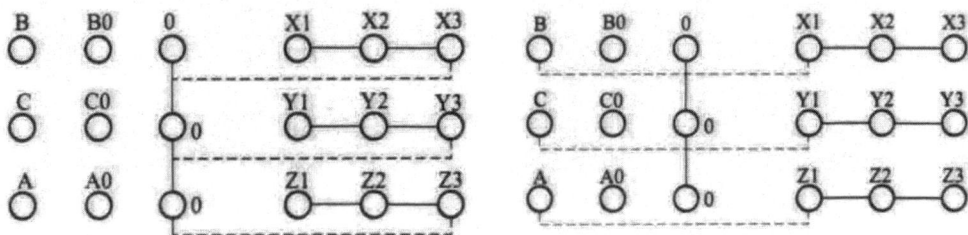

图 2-28　低容状态下有载调容开关触头示意图　图 2-29　高容状态下有载调容开关触头示意图

（高压端，0-X3 连接，另两相对应）　　　　（高压端，B-X1 连接，另两相对应）

根据解体的开关故障现象和上述分析判断出，有载调容开关从低容状态投切到高容状态的过程中，即选择开关动触头从 0 位置经过渡抽头 B0 转动到 B 的过程中发生故障。

3. 本次故障过程分析

由上述分析可知，该变压器在从低容投切到高容的过程中发生故障，故障原因为该变压器 B 相高压绕组内部因导线毛刺或匝绝缘破损，存在非贯穿性缺陷；在开关切换时，存在机械振动、操作过电压以及短时过电流冲击等，导致 B 相高压绕组匝绝缘击穿，形成层间绝缘短路；B 相短路瞬间产生的电动力使 B 相高压绕组上移，造成高压绕组对上夹件放电，导致线路发生接地故障。

（四）故障防范措施

（1）建议核查同厂家同批次变压器设备，了解在运变压器的运行状态。

（2）建议厂家加强产品质量生产过程监控，严把质量关。

四、油变典型故障 4：密封性能下降导致进水

（一）故障情况说明

2023 年 3 月 24 日下午，某镇受强对流天气影响，出现持续较强雷雨天气。3 月 25 日凌晨至 28 日，该县供电所连续出现 3 台高过载配变故障，均为 2023 年 3 月上旬通过技改项目更换的新变压器，投运时间不足 1 个月。故障具体情况如下：

3 月 25 日 0 时 58 分，10kV 线路某 522 断路器零序动作，重合成功。现场查障发现 10kV 公用台变台区 B、C 相跌落式开关动作，变压器低压套管头有显著渗漏油情况。（记为变压器 1）

3 月 26 日 06 时 04 分，10kV 线路某 58T1 断路器零序动作，重合成功。现场查障发现 10kV 公用台变台区 A、B 相跌落式开关动作，变压器低压套管头有显著渗漏油情况。（记为变压器 2）

3 月 28 日 10 时 51 分，10kV 线路某支线 #1 杆 1T1 断路器零序动作，重合不成功。现场查障发现 10kV 公用台变台区 B 相跌落式开关动作，变压器低压套管头有轻微渗漏油情况。（记为变压器 3）

由于故障设备为同厂家、同批次新投运设备，为避免类似故障重复发生，将三台故障变压器统一送至电力设备检测中心进行故障分析。

（二）故障检查情况

1. 试验情况

（1）外观检查：外观检查可见变压器箱体无形变，各变压器低压侧引出套管均有显著松动，接线板有拆装及扩孔加工痕迹，原始孔径为 8mm，扩孔后孔径为 12mm。其中变压器 1 低压侧 C 相引出套管松动最显著，变压器 2 低压侧 A 相引出套管松动最显著，变压器 3 低压侧 B 相引出套管松动最显著（如图 2-30、图 2-31）。

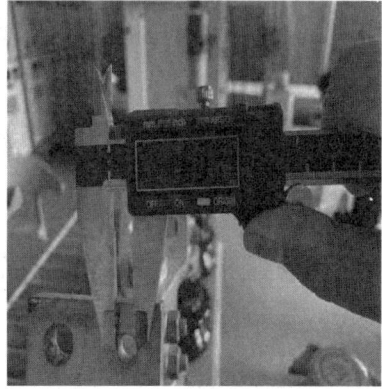

图 2-30　变压器外观完整无形变

图 2-31　接线板紧固螺丝有拆装痕迹及扩径前后螺栓孔孔径

（2）常规试验项目：对故障变压器进行了绝缘、直阻、变比试验，故障变压器绝缘均为0，判断内部有永久接地故障。高压侧直阻、变比试验数据不合格，判断高压绕组内部有层间、匝间短路故障。试验数据见表2-8至表2-10。

表2-8　10kV变压器1试验情况

设备信息	编号	322120204	出厂日期	2022.12	台区		—	
绝缘电阻		高—低、地（MΩ）		低—高、地（MΩ）		铁芯（MΩ）		
		R15	R60	R15	R60	—		
	耐压前	0	0	0	0	—		
	耐压后	—	—	—	—			
直流电阻（线间差不大于2%，相间差不大于4%）	高压侧（Ω）	1	2	3	4	5	低压侧（MΩ）	结果
	A-B	2.918	2.725	2.692	2.603	2.537	ao	1.1984
	B-C	2.922	2.765	2.701	2.615	2.552	bo	1.1979
	C-A	4.932	4.727	4.622	4.505	4.396	co	1.2151
	线差（%）	56.09	58.78	57.81	58.69	58.80	相差（%）	1.43
变比测试（允许偏差为±0.5%）		AB/ab		BC/bc		CA/ca		
		变比	偏差（%）	变比	偏差（%）	变比	偏差（%）	
	1	24.072	8.30	26.316	−0.25	24.087	8.24	
	2	23.441	8.97	25.688	0.24	23.455	8.91	
	3	22.059	11.76	25.059	−0.24	22.820	8.72	
	4	22.173	8.56	22.430	7.51	22.187	8.51	
	5	21.539	8.34	23.800	−1.28	21.553	8.29	
交流耐压		电压（kV）		时间（min）		试验结果		备注
	高—低、地	—		—		—		—
	低—高、地	—		—		—		—
仪器仪表		配电变压器全项目检测工位装置，型号：PDB-10，编号：JCZX-A2，有效日期：2023.11						

表 2-9 10kV 变压器 2 试验情况

<table>
<tr><td rowspan="2">设备信息</td><td>编号</td><td>322120387</td><td>出厂日期</td><td colspan="2">2023.2</td><td>台区</td><td colspan="3">—</td></tr>
<tr><td colspan="9"></td></tr>
<tr><td rowspan="5">绝缘电阻</td><td></td><td colspan="2" align="center">高—低、地（MΩ）</td><td colspan="2">低—高、地（MΩ）</td><td colspan="4">铁芯（MΩ）</td></tr>
<tr><td></td><td>R15</td><td>R60</td><td>R15</td><td>R60</td><td colspan="4"></td></tr>
<tr><td>耐压前</td><td>0</td><td>0</td><td>0</td><td>0</td><td colspan="4" rowspan="2">—</td></tr>
<tr><td>耐压后</td><td>—</td><td>—</td><td>—</td><td>—</td></tr>
<tr><td colspan="9"></td></tr>
<tr><td rowspan="5">直流电阻</td><td>高压侧（Ω）</td><td>1</td><td>2</td><td>3</td><td>4</td><td>5</td><td>低压侧（MΩ）</td><td colspan="2">结果</td></tr>
<tr><td>A-B</td><td>6.184</td><td>6.021</td><td>5.860</td><td>5.700</td><td>5.538</td><td>ao</td><td colspan="2">1.2171</td></tr>
<tr><td>B-C</td><td>3.099</td><td>3.018</td><td>2.938</td><td>2.860</td><td>2.776</td><td>bo</td><td colspan="2">1.2034</td></tr>
<tr><td>C-A</td><td>3.086</td><td>3.004</td><td>2.924</td><td>2.844</td><td>2.764</td><td>co</td><td colspan="2">1.1954</td></tr>
<tr><td>线差(%)</td><td>75.14</td><td>75.16</td><td>75.14</td><td>75.13</td><td>75.12</td><td>相差（%）</td><td colspan="2">1.80</td></tr>
<tr><td rowspan="7">变比测试</td><td></td><td colspan="2">AB/ab</td><td colspan="2">BC/bc</td><td colspan="2">CA/ca</td><td colspan="2" rowspan="2"></td></tr>
<tr><td></td><td>变比</td><td>偏差（%）</td><td>变比</td><td>偏差（%）</td><td>变比</td><td>偏差（%）</td></tr>
<tr><td>1</td><td>515.53</td><td>1863.92</td><td>26.242</td><td>0.03</td><td>26.281</td><td>−0.12</td><td colspan="2"></td></tr>
<tr><td>2</td><td>505.12</td><td>1861.63</td><td>25.673</td><td>0.30</td><td>25.685</td><td>0.25</td><td colspan="2"></td></tr>
<tr><td>3</td><td>493.21</td><td>1872.84</td><td>25.045</td><td>−0.18</td><td>25.055</td><td>−0.22</td><td colspan="2"></td></tr>
<tr><td>4</td><td>482.31</td><td>1888.91</td><td>24.417</td><td>−0.69</td><td>24.428</td><td>−0.73</td><td colspan="2"></td></tr>
<tr><td>5</td><td>470.79</td><td>1903.36</td><td>23.799</td><td>−1.27</td><td>23.788</td><td>−1.23</td><td colspan="2"></td></tr>
<tr><td rowspan="3">交流耐压</td><td></td><td colspan="3">电压（kV）</td><td colspan="2">时间（min）</td><td colspan="2">试验结果</td><td>备注</td></tr>
<tr><td>高—低、地</td><td colspan="3">—</td><td colspan="2">—</td><td colspan="2" rowspan="2">—</td><td rowspan="2">—</td></tr>
<tr><td>低—高、地</td><td colspan="3">—</td><td colspan="2">—</td></tr>
<tr><td>仪器仪表</td><td colspan="10">配电变压器全项目检测工位装置，型号：PDB-10，
编号：JCZX-A2，有效日期：2023.11</td></tr>
</table>

52

表 2-10 10kV 变压器 3 试验情况

设备信息	编号	322120385		出厂日期	2023.2	台区		—	
绝缘电阻		高—低、地（MΩ）		低—高、地（MΩ）		铁芯（MΩ）			
		R15	R60	R15	R60				
	耐压前	0	0	0	0	—			
	耐压后	—	—	—	—				
直流电阻	高压侧（Ω）	1	2	3	4	5	低压侧（MΩ）		结果
	A–B	3.098	3.028	2.943	2.867	2.785	ao		1.2004
	B–C	5.991	5.850	5.698	5.552	5.399	bo		1.2003
	C–A	3.075	2.997	2.923	2.840	2.760	co		1.2192
	线差（%）	71.92	72.08	71.99	72.26	72.34	相差（%）		1.57
变比测试		AB/ab		BC/bc		CA/ca			
		变比	偏差（%）	变比	偏差（%）	变比	偏差（%）		
	1	26.323	−0.28	28.032	−6.79	26.295	−0.17		
	2	25.693	0.22	28.026	−8.84	25.666	0.33		
	3	25.061	−0.24	28.244	−12.98	25.041	−0.16		
	4	24.435	−0.76	27.798	−14.63	24.412	−0.67		
	5	23.808	−1.31	26.669	−13.49	23.784	−1.21		
交流耐压		电压（kV）		时间（min）		试验结果		备注	
	高—低、地	—		—		—		—	
	低—高、地	—		—					
仪器仪表	配电变压器全项目检测工位装置，型号：PDB-10，编号：JCZX-A2，有效日期：2023.11								

（3）变压器油试验：对故障变压器的绝缘油进行击穿电压及水含量检测，测试结果在合格范围内，但水含量远大于同批次新变压器（3.0mg/L，详见新变压器试验情况），试验结果如表2-11。

表2-11 变压器油试验情况

检测项目及标准	10kV 变压器 1（322120204）	10kV 变压器 2（322120387）	10kV 变压器 3（322120385）
击穿电压（≥ 35kV）	51.7	54.4	62.4
水含量（≤ 20mg/L）	8.2	15.2	9.6

（4）密封试验：对变压器进行现场检查发现，故障变压器低压侧套管头有显著的松动痕迹。为检查变压器密封情况，对变压器2、变压器3及新变压器进行了密封性试验（变压器1已解体，无法进行密封试验）。采用正压密封试验方法，使用氮气在油面顶部施加15kPa静压力，历经12h后应无渗漏或损伤。试验结果如图2-32。

图 2-32 3 台均加压至 15kPa

图 2-33 故障变压器套管引出处有漏油痕迹

正压密封试验显示，变压器 2 低压侧 A 相套管引出处有漏油，变压器 3 低压侧 B、C 相套管引出处有漏油，新变压器加压至 15kPa 并静置 12h 后无泄漏或损坏。

（5）新变压器试验情况：对同批次未安装的变压器进行了电气试验及油试验，各项试验数据合格，试验数据见表 2-12 至表 2-14。

表 2-12　新变压器试验情况

设备信息	编号	322120391	出厂日期	2023.2	台区	—		
绝缘电阻		高—低、地（MΩ）		低—高、地（MΩ）		铁芯（MΩ）		
		R15	R60	R15	R60			
	耐压前	0	0	0	0	—		
	耐压后	—	—	—	—			
直流电阻（线间差不大于2%，相间差不大于4%）	高压侧（Ω）	1	2	3	4	5	低压侧（MΩ）	结果
	A-B	3.099	3.027	2.944	2.867	2.785	ao	1.201
	B-C	3.101	2.999	2.958	2.869	2.791	bo	1.210
	C-A	3.111	2.997	2.960	2.870	2.800	co	1.220
	线差(%)	0.39	1.00	0.54	0.10	0.54	相差（%）	1.57
变比测试（允许偏差为±0.5%）		AB/ab		BC/bc		CA/ca		
		变比	偏差（%）	变比	偏差（%）	变比	偏差（%）	
	1	26.292	0.16	26.293	0.16	26.303	0.20	
	2	25.675	0.20	25.679	0.21	25.686	0.24	
	3	25.058	0.23	25.061	0.24	25.069	0.28	
	4	24.405	0.12	24.406	0.13	24.413	0.16	
	5	23.787	0.16	23.790	0.17	23.794	0.19	
交流耐压		电压（kV）		时间（min）		试验结果	备注	
	高—低、地	28		1		合格	耐压通过	
	低—高、地	2.5		1				
仪器仪表		配电变压器全项目检测工位装置，型号：PDB-10，编号：JCZX-A2，有效日期：2023.11						

表 2-13　新变压器空负载及温升情况

空载损耗（铭牌 349W）	空载电流（铭牌 0.150%）	
347.9W	0.148%	
负载损耗（铭牌 3487W）	负载阻抗（铭牌 4.02%）	
3480W	4.00%	
绕组平均温升（限值 65K）	顶层油平均温升（限值 60K）	绕组热点温升（限值 78K）
58.1K	38.4K	62.3K
仪器仪表	配电变压器全项目检测工位装置，型号：PDB-10，编号：JCZX-A2，有效日期：2023.11	

表 2-14　新变压器油试验情况

检测项目及标准		检测结果
击穿电压（≥35kV）		68.2kV
介质损耗（≤4.0%）		1.71%
水含量（≤35mg/L）		3.0mg/L
油中气体	氢气（≤ 150μL/L）	3.18μL/L
	乙炔（≤ 5μL/L）	3.14μL/L
	总烃（≤ 150μL/L）	4.42μL/L

2. 解体检查情况

为进一步确定故障原因，对变压器 1 进行吊罩解体检查，检查情况如下。

（1）吊罩检查：对变压器进行吊罩后可见，变压器油箱内油样颜色呈淡黑色，箱体内各处均有大量黑色颗粒附着（如图 2-34）。

图 2-34　铁芯上有大量黑色颗粒附着

（2）引出套管检查：将低压侧 C 相引出套管拆出检查，两侧锁紧螺栓稍有松动，内部密封胶圈完好，中间导电杆附着有少量水珠（如图 2-35）。

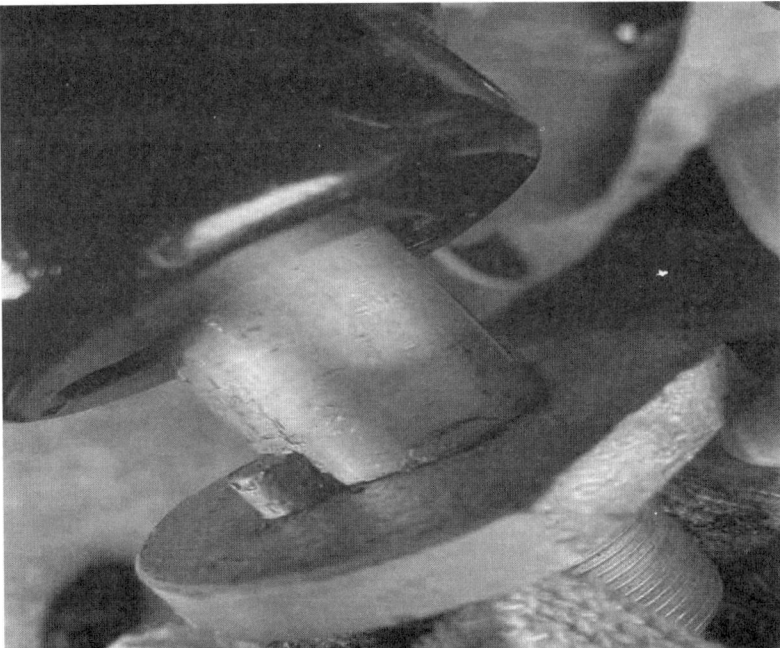

图 2-35　导电杆附着有少量水珠

（3）绕组检查：将铁芯硅钢片剥离后可见 C 相绕组油流通道顶部附着了大量黑色颗粒，高压侧绕组内部有明显熏黑痕迹，受短路故障冲击部分位置已经被挤压鼓起（如图 2-36）。

图 2-36　油流通道附着大量黑色颗粒，部分绕组被挤压鼓起

（4）C 相绕组解体检查：将 C 相绕组整体吊出，从外往内逐层剥开。第 1~2 层匝间、层间绝缘完好；第 3 绕组顶部数匝有受短路冲击而导致的发黑变形的痕迹；第 4 层绕组中上部绝缘纸及绕组有因短路故障导致的长条状损伤断股痕迹；第 5 层油流通道上有大量放电烧熔的铜瘤，故障点附近的油流通道有明显的变形；第 6~7 层匝间、层间绝缘完好（如图 2-37、图 2-38）。

图 2-37　第 3 层顶

图 2-38　第 4、5 层短路故障

（三）故障原因分析

（1）三台故障变压器从投运至故障运行时长分别为 22 天、20 天及 27 天，运行期间无长时重过载或三相不平衡情况，可排除因长时重过载或三相不平衡损害变压器绝缘而导致的故障。

（2）3 月 25 日 –28 日出现强降雨雷击密集情况，三台故障配变 24–28 日期间故障点 2 千米范围内最相近的 3 次雷击情况见表 2-15。

表 2-15　相近 3 次雷击情况

台区	变压器 1	变压器 2	变压器 3
故障时间	3 月 25 日 00:58	3 月 26 日 06:04	3 月 28 日 10:51
落雷 1 时间	3 月 24 日 15:47	3 月 25 日 14:39	3 月 24 日 15:52
落雷 1 距离	382m	1700m	333m
落雷 1 电流	10.6kA	89.8kA	4.1kA
落雷 2 时间	3 月 24 日 15:51	—	3 月 24 日 15:58

台区	变压器 1	变压器 2	变压器 3
落雷 2 距离	1443m	—	368m
落雷 2 电流	12.8kA	—	16.1A
落雷 3 时间	3 月 24 日 16:02	—	3 月 24 日 16:00
落雷 3 距离	670m	—	637m
落雷 3 电流	34.9kA	—	31.4kA

从落雷情况分析，故障时间与落雷时间均存在较大差距，且雷击过电压导致的变压器绝缘击穿表征一般为端部数匝的击穿变形（如图 2-39），而非长条状的绝缘击穿，可排除雷击过电压导致的绝缘击穿。

图 2-39 故障发展过程示意图（此图非故障变绕组，仅用于示意说明）

（3）从试验情况来看，故障变压器低压侧套管头有松动，油中水含量偏高，密封性能不满足标准要求，判断在雷雨季节水分沿密封薄弱处进入变压器箱体内部。

从解体情况来看，套管导电杆上有少量水珠，故障点的位置位于变压器 C 相低压侧引出套管下方，故障点呈长条状，与持续小桥放电导致的故障表征基本吻合。

综上，本次故障原因是变压器低压侧接线板在拆装过程中转动引起套管瓷盖上锁紧螺栓松动，套管密封性能下降，在强降雨期间雨水从密封薄弱处进入变压器箱体内部并沿油流通道进入绕组内部。由于水密度大于变压器油，因此油中的水分会沿油流通道不断往下流，导致电场畸变及绝缘损伤，形成小桥放电并持续发展，最终引发层间、匝间绝缘击穿故障。

（四）后续处理措施建议

（1）供电局高过载配变技改专项已安装变压器 16 台（含故障的 3 台），均对变压器低压侧接线板进行过扩孔，套管头松动导致进水隐患较大。建议对在运的 13 台变压器进行停电更换并返厂检查修复。

（2）《高过载能力油浸式配电变压器技术规范书》8.5.3 条款中已对变压器接线板孔径进行明确说明（M8 螺栓），各单位在变压器安装过程中须严格执行。对于变压器接线板孔径不符合的，应由厂家对接线板进行更换；对于线耳孔径不符合的，应由施工单位对线耳进行更换。

（3）对于该批次变压器，请厂家提供产品质量内控相关资料及接线板拆装指导，并对本批次其余拟供货变压器重新进行密封试验。为避免同类故障重复发生，建议厂家在后续出厂前对锁紧螺栓进行标记，便于相关工作人员在现场施工时及时发现套管头松动的情况。

第二节 干式配变典型故障

一、干变典型故障 1：分接引线制作工艺不良

（一）故障情况说明

1. 故障过程描述

2020 年 8 月 18 日 09 时 45 分，运维人员在线路巡视中发现 110kV 某站某线 10kV 公用配电站 #2 配变箱本体熏黑，A 相有放电现象，初步检测 10kV 新城中心站公用配电站 #2 配变 A 相高压侧击穿，铁芯存在过热现象。

2. 故障设备基本信息

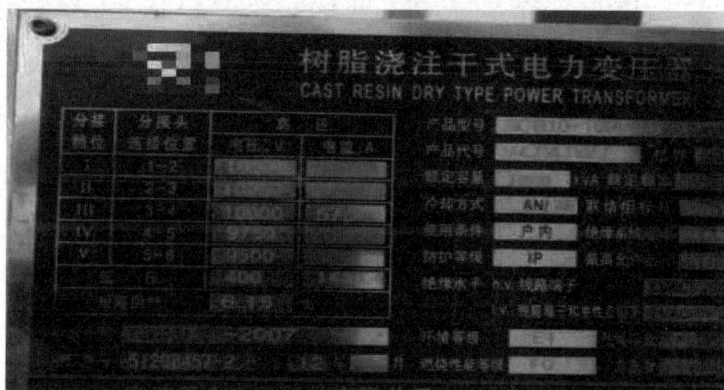

图 2-40　设备铭牌

（二）故障检查情况

1. 外观检查

2-41　某站 10kV 公用配电站故障现场

63

8月22日对故障配变本体外观检查，发现配变 A 相高压侧绕组第六分接处被击穿，B 相外表熏黑，铁芯顶部绝缘油漆龟裂。

图 2-42　故障设备外观

2. 试验情况

（1）绝缘电阻测试

表 2-16

测试部位	15S	1min
高对低及地	123.9 GΩ	> 200 GΩ
低对高及地	8 GΩ	15.9 GΩ
高及低对地	9.8 GΩ	17.7 GΩ

单项结论：合格

（2）直流电阻

高压侧：表 2-17（单位 Ω）

分接挡位	AB	BC	CA	不平衡率
1	1.729	0.8629	0.8631	75%
2	1.679	0.8396	0.8398	75%
3（额定分接）	1.636	0.8179	0.8183	75%
4	1.593	0.7963	0.7965	75%
5	1.550	0.7748	0.7750	75%

单项结论：不合格，相匝短路

低压侧：表 2-18（单位 Ω）

相别	ab	bc	ca	不平衡率
数据	0.8426	0.8414	0.8529	1.36%

单项结论：合格

（3）变比

表 2-19

分接位置处	计算变比	实测电压比偏差 AB/ab	实测电压比偏差 BC/bc	实测电压比偏差 CA/ca
1	26.25	3.3905%	0.1257%	1.2686%
2	25.625	0.9171%	0.0195%	1.0966%

分接位置处	计算变比	实测电压比偏差 AB/ab	实测电压比偏差 BC/bc	实测电压比偏差 CA/ca
3	25.00	1.032%	0.012%	1.132%
4	24.375	0.9556%	0.0369%	1.1159%
5	23.75	1.0316%	0.0758%	1.1621%

单项结论：不合格

3. 解体情况

剖开 A 相高压绝缘击穿处的环氧树脂，发现第六分接头引出线断裂，并从本体上松脱出来。对断裂的引线进行分析，断裂形成的两段引线有明显的分色现象（如图 2-43）。第六分接引出线与绕组末端头 2 匝位置击穿，形成一个深 1 厘米的小孔。

图 2-43 分接引线断裂

图 2-44　击穿点

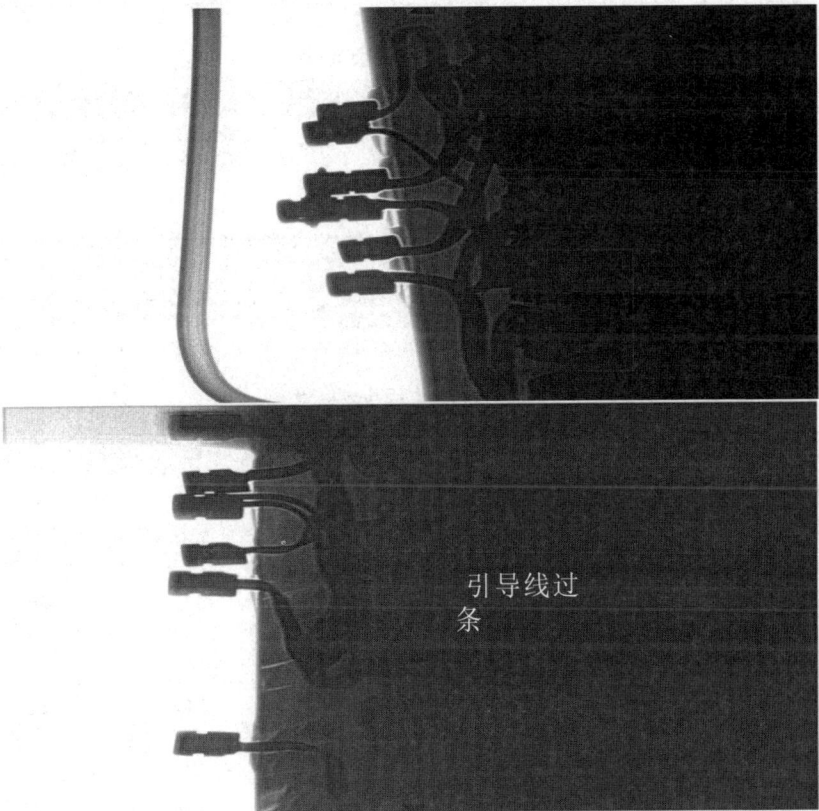

引导线过
条

图 2-45　B、C 相 X 光图

（三）故障原因分析

1. 初步分析

为分析故障原因，现采用排除法从以下三个方面进行逐一分析：

（1）过载引起的故障

8 月份最高负载 52.44%。2020 年以来负载情况如下图，不存在超负荷运行，故可基本排除过载引起的故障。

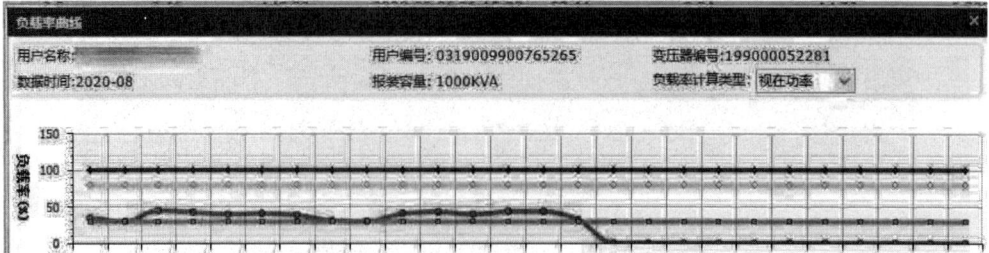

图 2-46　8 月负载率

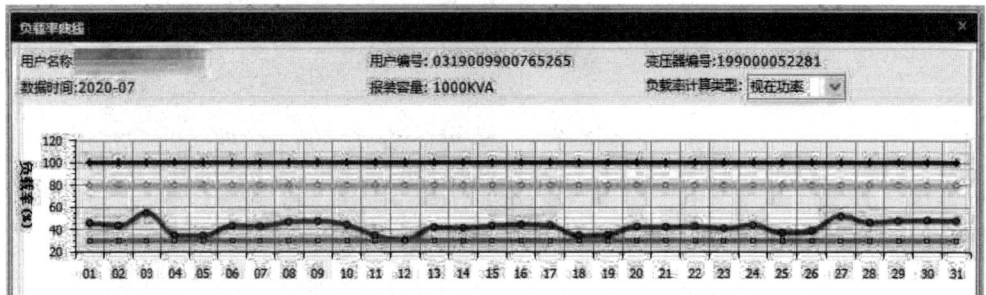

图 2-47　7 月负载情况

最小负荷发生时间	最大负载率(%)	最大负载功率因数	最小负载率(%)	最小负载功率因数	负载评价
2020-01-01 14:30:00	41.66	0.903	0.29	1	轻载
2020-02-19 06:45:00	9.85	0.993	0.31	1	轻载
2020-03-07 14:45:00	7.86	0.99	0.30	1	轻载
2020-04-11 13:30:00	68.84	0.884	0.33	1	轻载
2020-05-11 19:00:00	59.60	0.874	1.69	0.968	正常
2020-06-22 17:45:00	56.78	0.874	4.39	0.75	正常
2020-07-02 18:15:00	61.34	0.889	5.90	0.88	正常
2020-08-06 06:15:00	52.44	0.84	14.82	0.738	正常

图 2-48　1—8 月最大负载情况

（2）三相负荷不平引起短路

查询 8 月份台区三相不平衡率，总电流左右浮动 3%~5%，基本排除三相不平衡引起的故障。

时间	用户名称	三相电流平均值	总电流不平衡率	A相电流	A相电流不平衡率	B相电流	B相电流不平衡率	C相电流	C相电流不平衡率
2020-08-01 00:00:00		614.7	3.583	609.9	1.402	624	2.336	610.2	1.33
2020-08-02 00:00:00		565.5	3.424	561.6	1.848	571.8	1.734	563.1	1.037
2020-08-03 00:00:00		749.7	4.15	742.2	1.882	758.7	2.366	748.2	1.388
2020-08-04 00:00:00		719.8	3.361	715.8	1.757	724.8	2.139	718.8	1.12
2020-08-05 00:00:00		680.8	3.337	672	1.914	693	2.204	677.4	1.207
2020-08-06 00:00:00		692.5	3.955	686.4	1.83	696.9	2.5	694.2	1.178
2020-08-07 00:00:00		659.1	3.706	648	2.138	668.7	2.1	660.6	0.98
2020-08-08 00:00:00		571.4	4.134	567	2.091	574.5	2.502	572.7	1.57
2020-08-09 00:00:00		566.4	4.661	555	2.72	576.6	2.42	567.6	1.894
2020-08-10 00:00:00		696.5	3.935	689.4	2.119	701.4	2.077	698.7	1.858
2020-08-11 00:00:00		723.6	3.797	717	2.037	726.9	2.218	726.9	1.754
2020-08-12 00:00:00		680.7	3.93	677.1	2.152	683.7	2.401	681.3	1.827
2020-08-13 00:00:00		731.6	3.575	722.4	1.795	742.5	2.22	729.9	1.528
2020-08-14 00:00:00		734	3.936	726.6	2.391	738.6	1.982	736.8	1.07
2020-08-15 00:00:00		586.4	4.111	580.2	1.988	594.3	2.219	584.7	1.304

图 3-49　8 月份台区三相不平衡情况

（3）制造工艺

配变铁芯上端散热片面漆脱落且严重程度由 A 相到 C 相，铁芯有过热现象且 A 相较严重，说明 A 相绕组有长时间放电发热。从解体情况分析初步为变压器制作工艺不良，第六分接引出端子线与线圈之间绝缘处理不当，长时间运行绝缘水平下降引起匝间放电发热。

2. 最终结论

综合以上分析，此次配变故障主要原因为变压器第 6 分接引出线处理不当，造成线圈匝间短路。

（四）故障防范措施

（1）应急物流中心调拨干式变压器设备，办理厂站第一工作票进行配变故障更换。

（2）结合停电，对同厂家、同批次变压器进行试验检查。

（3）对同厂家、同批次变压器开展红外测温普查，发现问题及时停电处理。

二、干变典型故障 2：铝代铜造假

（一）故障情况说明

1. 故障过程说明

2022 年 2 月 28 日 03 时 40 分，某镇供电 17 站公用箱变压器烧坏造成线路跳闸。电力设备检测中心对故障变压器进行分析，发现 B 相高压绕组第一、二匝间短路烧断，6 台散热风扇有 2 台散热风扇故障；材质试验测试结果绕组为铝材质，材质分析发现 72.14% 为铝材，解剖绕组除了引出线是铜材，其他部分都是铝材。

2022 年 5 月 11 日某局 1 台变压器干变故障跳闸，经解体分析发现该台变压器 B 相高压绕组匝间短路导致故障发生，材质试验测试结果显示绕组为铝材质。

2022 年 5 月 18 日，某局 1 台变压器干变出现发热缺陷，申请停运并进行更换，材质试验测试结果显示绕组为铝材质。

2022 年 6 月 2 日，某局一台变压器干变按计划进行停电检测，材质试验测试结果绕组为铝材质。

2. 故障设备基本信息

上述 4 台变压器均是同一公司 2011 年生产的 SCB 型变压器（以下简称"干变"）。按照《变压器类产品型号编制方法（JBT 3837）》要求，SCB 标识变压器应为三相浇注绝缘铜箔绕组变压器，与实测情况不符，存在铝代铜材质造假的情况。

表 2-20

序号	停运日期	型号	出厂日期	备注
1	2022.2.28	SCB10-800/10	2011.05	故障停运
2	2022.5.11	SCB10-800/10	2009.04	故障停运
3	2022.5.18	SCB10-400/10	2011.09	缺陷停运
4	2022.6.2	SCB10-1000/10	2010.08	计划停运

目前我局在运干变 501 台。其中 SC 型（浇注式干变）492 台，SG 型（空气干变）19 台。2011 年出厂 159 台，2010 至 2012 年出厂 286 台。

4 月开展了干变专项隐患排查，主要包括红外成像测温、冷却装置检查、负载监测等。排查发现有 89 台变压器冷却风机出现故障无法启动，有 18 台由于没有测温窗口等原因无法测温，其余 483 台均完成了红外成像测温。其中 SC 型变压器没有发现铁心、绕组温度超过 130℃，SG 型变压器没有发现热点温度超过 140℃（130℃、140℃ 分别是 SC、SG 型干变重大缺陷的标准），但相对温差大于 35% 的有 291 台，其中 2010 年至 2012 年期间出厂的有 170 台。

5 月在试研所指导下，各区局对相对温差大于 35% 的 291 台干变开展红外测温的复测，热点温度大于 100℃ 的有 89 台，大于 120℃ 的有 13 台，没有超过 130℃ 的变压器，最热温度的位置集中在铁心上部；过去 7 天平均负载大于 50% 的有 39 台，大于 60% 的有 18 台，大于 70% 的有 8 台，分布情况见表 2-21：

表 2-21

区局	大于 100℃	大于 120℃	负载 50%	负载 60%	负载 70%

区局	大于100℃	大于120℃	负载50%	负载60%	负载70%
城区	16	4	10	4	1
东北区	4	0	9	4	1
东南区	22	4	6	1	1
南区	6	1	13	9	5
西北区	0	0	0	0	0
东区	4	0	1	0	0
西区	3	0	0	0	0
长安	31	2	0	0	0
虎门	3	2	0	0	0
合计	89	13	39	18	8

（二）隐患分析

1. 故障干变解体分析

3月下旬、6月上旬，检测中心先后对故障干变进行了解体分析，材质试验测试结果显示绕组为铝材质，解剖也发现绕组除了引出线是铜材，其他部分都是铝材。环氧树脂部分开裂或脱落。初步分析认为，铝绕组电阻率、膨胀系数比铜绕组高30%以上，而且更易氧化，在相同负载下更易发热，造成绕组、铁芯长期过热，引起环氧树脂绝缘下降，导致匝间短路。

2. 发热变压器试验情况

5月下旬，在检测中心对更换的发热干变系列试验，结果如下。

（1）常规试验项目

表 2-22

绝缘电阻（60s 的不低于上次值的70%）		高—低、地（MΩ）		低—高、地（MΩ）		铁芯（MΩ）		
		R15	R60	R15	R60			
	耐压前	300	300	1500	2000	100		
	耐压后	200	200	1500	2000			

直流电阻（线间差别不大于三相平均值的2%）	高压侧（Ω）	1	2	3	4	5	低压侧（MΩ）	结果
	A-B	1.912	1.987	2.040	2.101	2.152	ao	2.251
	B-C	1.921	1.990	2.046	2.100	2.160	bo	2.246
	C-A	1.911	1.981	2.057	2.110	2.150	co	2.259
	线差（%）	0.52	0.45	0.83	0.47	0.46	--	0.36

变比测试（允许偏差为±0.5%）		AB/ab		BC/bc		CA/ca	
		变比	偏差（%）	变比	偏差（%）	变比	偏差(%)
	1	26.35	0.08	26.35	0.15	26.25	0.05
	2	25.63	-0.06	25.52	-0.06	25.62	-0.06
	3	25	0	25	0	25	0
	4	24.47	-0.01	24.16	-0.12	24.21	-0.222
	5	23.84	0.14	23.88	0.14	23.81	0.08

交流耐压		电压（kV）	时间（min）	试验结果	备注
	高—低、地	28	1	合格	耐压通过
	低—高、地	2.5	1		

仪器仪表	配电变压器全项目检测工位装置，型号：PDB-10，编号：JCZX-A2，有效日期：2022.11

A2 工位进行全项目检测，依据《南方电网电力设备检修试验规程》（Q/CSG

1206007-2017）《6kV～35kV 级干式铝绕组电力变压器技术参数和要求》（NB/T 42066-2016）的要求，该台变压器各挡位直阻、变比符合相关要求，交流耐压前后绝缘无明显变化，判断常规试验项目均合格。

（2）绕组材质热电效应法检测

表 2-23

检测时间	2022.5.20	环境温度 / 湿度		28℃ /50%
变压器型号	SCB10-400/10			
变压器编号	110S02F3	被试绕组		AB 绕组
测试设备型号	BY200	测试设备编号		
停止加热时间	两端温差	热电势值		备注
0	39	49		
3	34	72		
6	29	81		
9	25	76		
12	22	70		
15	20	65		将 A 相导电杆加热至 70℃后停止加热，并监测 AB 相导电杆的温差及热电势
18	18	66		
21	16	67		
24	12	66		
27	11	67		
30	10	65		

按照《配电变压器绕组材质的热电效应法检测导则（T/CEC 228—2019）》判断依据，在 3 分钟温度变化不大于 5℃ 时，热电势低于 40μV 为铜材质，高于 100μV 为铝材质，热电势为 40μV—200μV，应结合实例综合判断。结合该导则附录 B《配电变压器绕组热电势检测实例》综合判断，该变压器绕组为铝材质，与仪器智能判断结果一致。

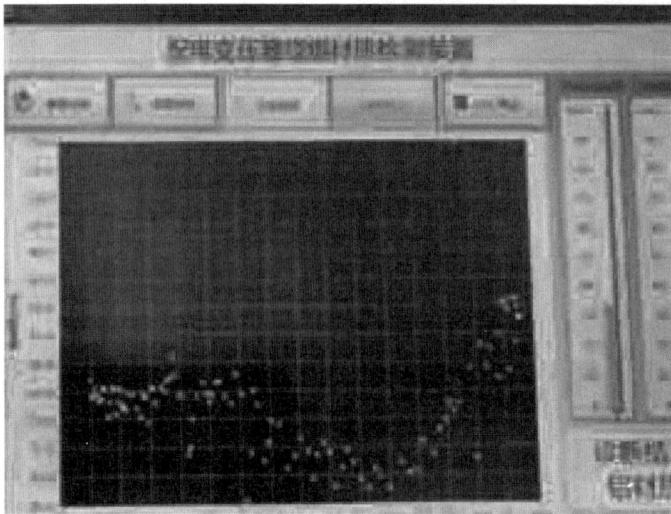

图 2-48　仪器测试结果

（3）温升试验

表 2-24

高压绕组温升	低压绕组温升	铁芯温升
88.17K	85.33K	72.4K

按照《电力变压器第 2 部分 温升（GB1094.2—1996）》判断依据，绝缘耐热等级为 F 级的变压器在连续额定容量稳态下的正常温升限值为 100K，温升结果满足要求。

（4）容量评估

表 2-25

	试品信息			
1	产品名称	干式变压器	产品型号	SCB10-400/10
2	铭牌标注容量	400kVA	额定电压	10kV
3	额定电流	577A	制造日期	2011.9
4	联结组标号	Dyn11	试品冷却方式	自然空气冷却
5	测量日期	2022.5.23	湿度	
6	设备型号编号	110S02F3	设备校准说明	

试品信息				
试验记录信息（主分接下测试）				
1	测试电阻环境温度	25.8℃	测试损耗环境温度	25.8℃
2	高压侧线电阻（Ω）	RAB 2.040	低压侧线电阻（MΩ）	Rab 2.251
		RBC 2.046		Rbc 2.246
		RCA 2.057		Rca 2.259
3	预设容量（KVA）	400	预设容量下对应标准短路阻抗	4.0%
4	负载损耗/短路阻抗测量	施加输入电压kV UAB 393.82	测量输入侧有功损耗 W PA	1029.9
		UBC 393.08	PB	983.69
		UCA 393.20	PC	955.23
		施加输入电流A IAB 22.971	负载损耗值 W	3905.6
		IBC 22.454	校正到额定电流和参考温度 短路阻抗%	3.9844
		ICA 22.961		
5	短路阻抗是否在预设容量对应的标准短路阻抗误差允许范围内		是	
试验结果				
1	实测结果中短路阻抗在标准短路阻抗误差允许值范围内的预设容量有		400kVA	
2	温升试验	预设容量 400kVA	实测空载损耗（W）	1043.71
	根据 GB/T 1094.11 进行温升试验，温升结果是否满足要求		温升结果满足 GB/T 1094.11 要求	
评估结果				
1	评估结果		变压器实测容量为400kVA，与铭牌标注相符	

按照《35kV 及以下电压等级电力变压器容量评估导则（GB/T 35710—2017）》，实测短路阻抗 3.9844%，与预设容量（400kVA）对应标准短路阻抗 4%

的偏差在±10%范围内，且温升结果满足要求，判断预设容量400kVA即变压器容量。但实测空载损耗1043.71W，稍高于NB/T 42066—2016不大于980W的要求。

综上所述，该台变压器绕组材质为铝线材，核定容量与铭牌容量相符，除空载损耗外的常规试验项目符合要求。

2. 硅钢片、环氧树脂试验

针对干变铁芯发热、故障解体分析发现环氧树脂脱落等问题，已对故障干变的硅钢片、环氧树脂取样，送电科院进行分析，结果待定。

3. 尺寸测量

在检测中心现场测量了故障干变的高压绕组外观尺寸及绕线宽度，与同容量（800kVA）其他厂家的SCB型干式变压器对比，铝变体积约为铜变的1.2倍。

表 2-26

材质	单匝直径（mm）	线径比	长轴（cm）	短轴（cm）	宽度（cm）	高度（cm）	体积（m³）	体积比
铝芯	0.430	0.43/0.335 ≈1.28	57.5	45	6	70	0.05964	0.05016/0.05964 ≈1.189
铜芯	0.335		65.5	50	6.5	48	0.05016	

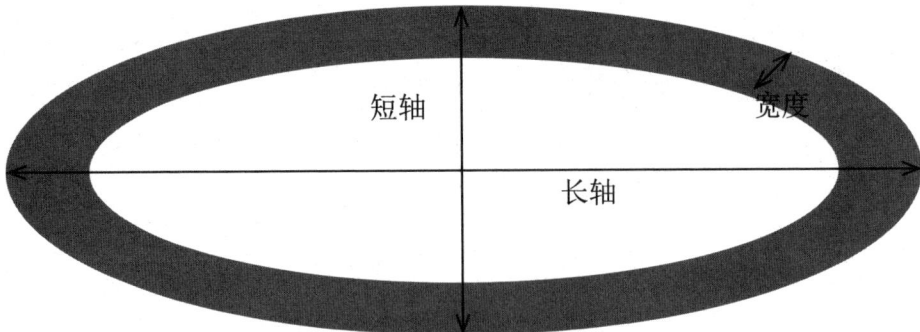

图 2-50 尺寸示意图

（三）故障原因

1. 原因分析

铝代铜的变压器由于铝线电阻率、膨胀系数比铜线高30%以上，而且更易氧化，在相同负载下更易发热，造成绕组、铁芯长期过热，引起环氧树脂绝缘下降，导致匝间短路。

2. 运行风险

从更换的铝代铜干变的试验可知，铝代铜的干变容量与铭牌容量相符，除空载损耗外的常规试验、温升等试验项目均符合要求，所以铝代铜干变可以继续运行。但 498 台干变均存在铝代铜发热导致匝间短路的风险，其中 2009 至 2011 年出厂的 353 台干变风险更大，占总数的 70%，需采取控制措施。

（四）故障防范措施

1. 加强干变运维

（1）红外测温

4月5月两次专项测温，均未发现铁心、绕组温度超过 SC、SG 型干变重大缺陷的标准的情况（130℃或140℃），但超过 100℃ 的有 102 台，超过 120℃ 的有 13 台，占总数的 20%。因而，干变发热的情况不容乐观，需加强测温监控状态。各区局在迎峰度夏期间（6—9月）每月开展一次干变红外成像测温，其他时段每 3 个月开展一次。4月、5月专项排查发现 13 台干变的热点温度超过 120℃，由试研所指导相关区局在 6 月 30 日前开展一次专项红外测温。当相对温差大于 35% 时，应上报按一般缺陷处理；当热点温度超过 130℃（SC 型）或 140℃（SG 型），应上报按重大缺陷处理，更换变压器。

（2）冷却装置运维

10kV 干式变压器技术规范没有明确要求干变必须冷却风机，由用户选配，厂家响应。目前新入网的干变均配置了风机，现场排查 501 台干变也配置了风机，但有 89 台变压器风机出现故障不能运行。风机正常运行有助于降低干变运行温度，需加强运维。

（a）各区局在 7 月 30 日前完成对 89 台干变风机故障的处理，确保冷却装置状态可用。在故障风机完成处理前，应现场另外配置风扇以帮助变压器降温。

（b）根据网公司 10kV 干式变压器技术规范的要求，风机启动温度为 80℃。咨询不同厂家，有不同的启动温度，有些 100℃ 启动，有些 60℃ 启动。各区局在 6 月 30 日前完成干变风机温控器排查，若启动温度超过 80℃，应调整设置为 80℃ 启动；若启动温度低于 80℃，应执行厂家标准，不作调整。其他干式变压器应结合日常巡视，参照上述要求完成温控器排查、调整。

（c）根据配网设备缺陷定级标准，变压器风机故障为一般缺陷，6 个月内完成处理。结合干变铝代铜的运行风险，对干变风机故障缺陷提级处理，应在 1 个月内完成。

（3）局放带电检测

干式变压器绝缘劣化一般是缓慢演化的过程，局放带电检测可能发现其中一些状态量的变化。针对干变的运行风险，各区局应每半年完成一次干变的局放带电检测。

（4）负载监测

各区局应加强干变负载日常监测，当发生日重载时，应每周开展一次红外测温，若铁心、绕组热点温度超过限值（SC 型 130℃，SG 型 140℃），应立即上报重大缺陷，停电更换变压器。

（5）停电试验

为摸清 497 台在运干变的铝代铜情况，各区局应在每月底报送下月干变停电计划至检测中心，检测中心指导区局，结合停电现场开展材质、直流电阻、损耗等试验。当确定是铝芯变压器，而且直流电阻、损耗等试验结果若与出厂值有明显变化，则立即更换变压器。若试验合格，变压器继续运行，各区局要继续加强负载监控、红外测温，当红外测温发现温度超过 130℃，再更换变压器。

2. 加强干变入网管控

（1）技术标准建议

网公司 10kV 干式变压器技术规范没有明确要求干变必须配置冷却风机，由用户选配，厂家响应。风机正常运行有助于降低干变运行温度，因此，向网公司变压器标准化工作组汇报情况，提出干式变压器必须配置冷却风机的建议。

（2）材质入网试验

目前干式变压器入网试验无要求检测材质。为防范同类风险，充分发挥检测中心的平台优势，将管控关口前移，对新入网的干变，每个厂家每个批次产品开展热电势材质试验，杜绝铝代铜变压器入网。

（3）追责警示

干变制作公司处于开业状态。将干变的情况通报供应链中心，联合企管部对其材质造假问题进行追责，并逐级上报，以警示其他变压器厂家。

第三章 开关类设备主要典型故障分析

一、开关类设备典型故障 1：SF6 全绝缘柜电缆线耳施工工艺不良

（一）故障情况说明

1. 故障过程描述

2020 年 10 月，广东电网某供电局区局发生一起电缆分支箱（SF6 全封闭全绝缘交流充气柜）在运行过程中绝缘击穿故障，造成停电事故。运维人员第一时间赶赴现场进行检查处理，现场发现 SF6 全绝缘柜电缆终端头已烧毁，无法断续运行。为尽快复电，将停电损失降至最小，运维人员将出现故障的电缆分支箱拆下后换新，故障柜送至仓库以便做进一步分析。

2. 故障设备基本情况

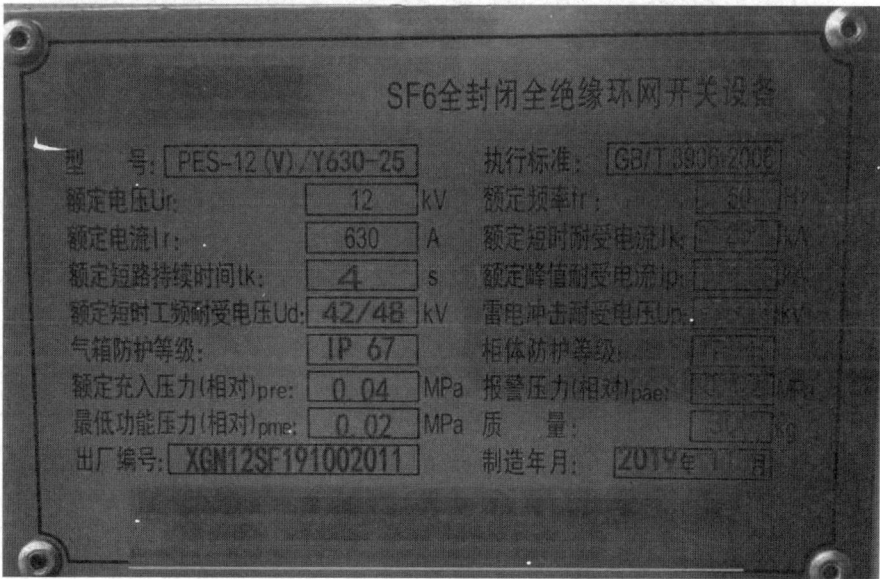

图 3-1 故障设备铭牌

为更好地分析电缆分支箱终端头的故障原因，应先搞清楚终端头的结构及接线方式，以便做进一步分析。终端头与分支箱的接线效果及内部结构如图 3-2 所示：

1. 双头螺栓

2. 均压端子

3. 外屏蔽层

4. 绝缘层

5. 应力锥

6. 验电测试点

7. 绝缘塞

8. 压线端子

9. 接地线

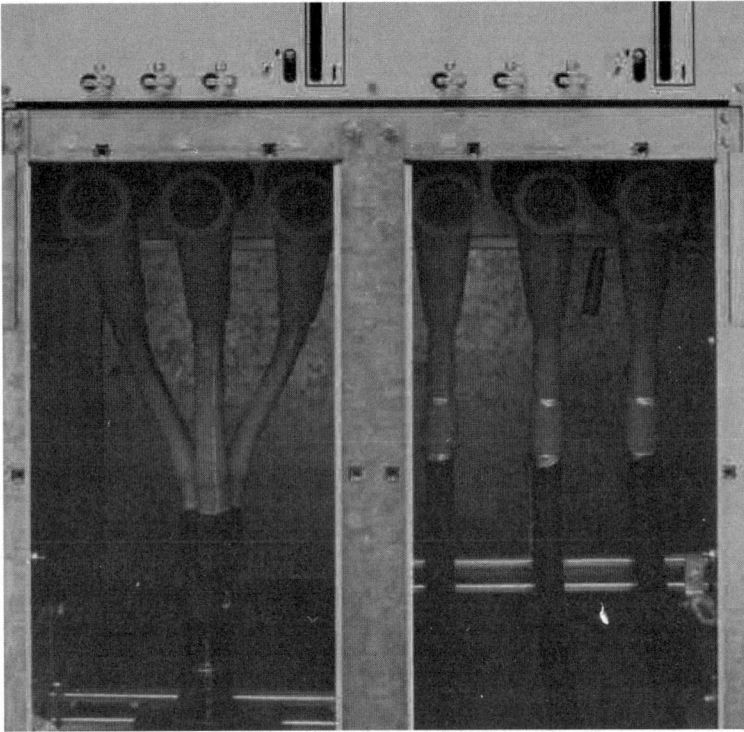

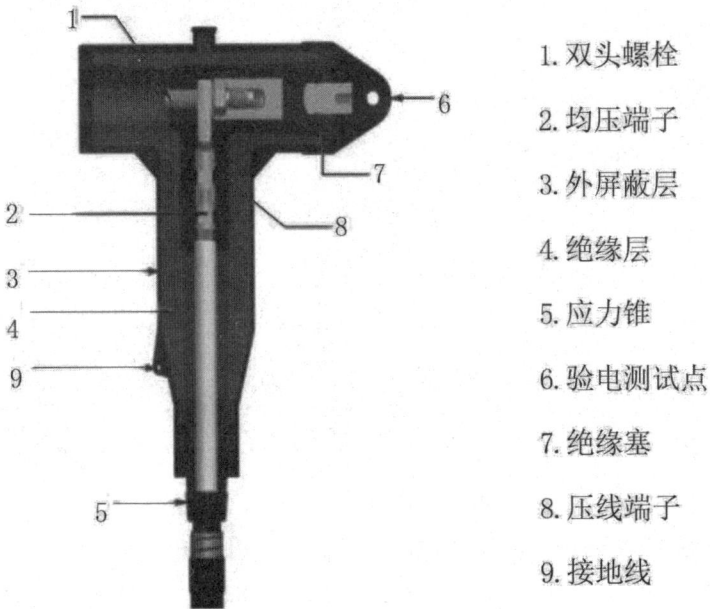

图 3-2　终端头接线效果及内部结构

（二）故障检查情况

1. 外观检查

检查发现故障柜 B 相电缆终端头已经出现明显的击穿烧毁痕迹，如图 3-3 所示。查询该电缆分支箱自动化装置数据，未发现过压或过流现象。当日出现雷电等恶劣天气。

图 3-3　故障柜及故障柜 B 相电缆终端头

2. 解体检查情况

（1）B 相电缆肘型接头与柜体套管的接触位置已经严重烧损，如图 3-4 所示：

图 3-4 B 相接头

全新的肘型接头如图 3-5 所示，可清晰地对比出接头的受损情况：

图 3-5 全新接头

（2）检查 B 相电缆的线耳，发现 B 相线耳发黑，两面颜色存在差异，与套管接触一侧无明显压痕，另外一侧有明显压痕，如图 3-6 所示。根据经验，对于安装工艺正常的线耳，线耳压紧时会在线耳表面出现压痕，压紧面光亮，不会有烧黑痕迹。而此起故障现场看到的是烧黑的线耳和氧化的铜端面。

图 3-6　B 相线耳

（3）进一步检查固定线耳所使用的螺杆，发现螺杆尺寸与线耳螺丝孔不配套，双头变径螺杆无法完全穿过线耳螺孔，如图 3-7 所示。这势必会导致套管、线耳、螺母三者之间无法实现紧密固定。

图 3-7　B 相所用线耳

找到同厂新柜配件的线耳，看到双头变径螺杆可完全穿过螺孔，能够有效实现线耳的固定，如图 3-8 所示。

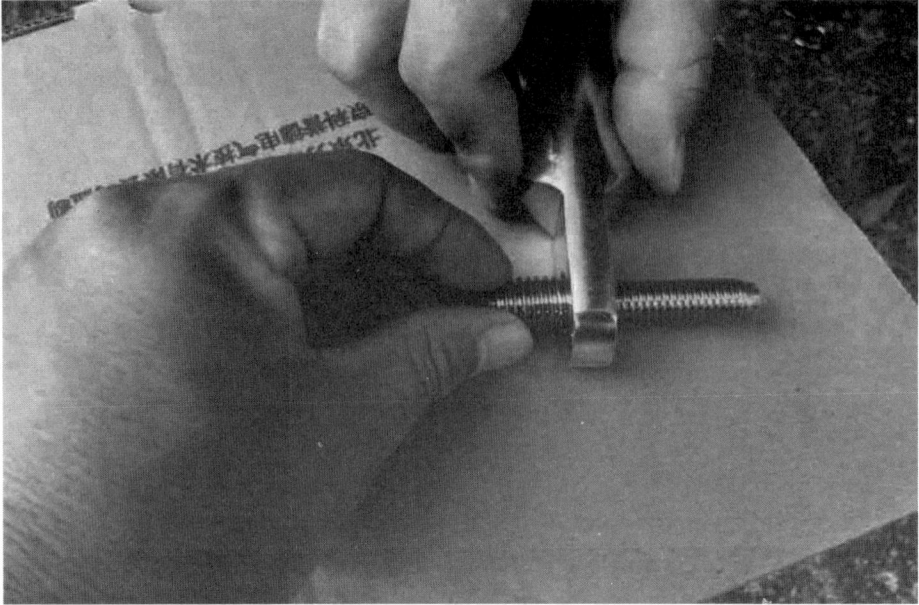

图 3-8　新柜线耳

3. 试验验证

为验证接线端子安装不规范是否会引起严重发热，工作人员搭建试验平台，通过温升试验对故障情况进行模拟。将故障相接线端子与原厂接线端子装在同一面电缆分支箱开展温升试验，其中中间相采用的是故障接线端子，其余两相采用的是原厂配备的接线端子。升流至 400 安，发现插拔头接触不良的端子不到 10 分钟就升温到 98℃，远超正常值，验证了所分析的故障原因。

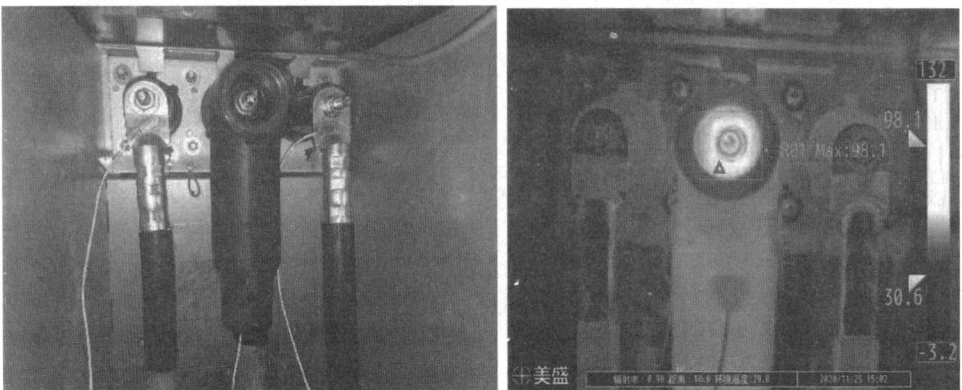

图 3-9　接线端子温升试验测量

（三）故障原因分析

接线端子选择错误，与原厂接线端子不一致，接线端子螺孔无法穿过双头变径螺杆，导致接线端子没有压紧无法完全与套管接触，接触电阻增大，线耳和套管铜端面、线耳和压紧平垫之间存在空气间隙，当电流通过时引起发热或者电弧闪络，套管铜端面被氧化。持续的发热由线耳、螺柱等传导到电缆头，电缆头长时间高温发热会引起硅橡胶碳化，绝缘性能破坏，造成肘型电缆接拔头龟裂，绝缘性能下降，最后发生绝缘击穿事件。

（四）故障防范措施

1. 切实提升电缆分支箱的安装验收要求

电缆终端头安装工艺不良导致故障发生的情况屡见不鲜。施工单位缺乏主体责任感，施工质量存在敷衍了事的情况，运维人员应加强监测，管控施工全过程，要求严格按照制作步骤、所配零件施工，提升见证效果，避免设备"带病入网"。

2. 严格把控安装人员资质情况

配网施工存在层层转包的情况，具体施工的人员往往并不具备施工资质，能力不足，导致安装质量难以满足要求。应加强对施工单位人员的技能培训，要求持证上岗。现场施工时应加强证书检查，确保人证一致。

3. 积极开展交接验收试验工作

新装设备投运之前应严格检查设备安装情况，应确保无明显机械损伤、变形等问题。另外要认真开展绝缘试验以及振荡波局放试验等，此措施对于发现因安装工艺不良而造成的绝缘缺陷有较好的效果，可实现对缺陷的早发现、早处理。

4. 提升运维水平，及早发现潜在隐患

电缆分支箱在运行过程中，由于有柜门阻挡，运维人员如果只是依靠肉眼巡视，是无法发现终端头位置存在的异常情况的。红外测温以及局放测试对于发现早期发热现象或者绝缘缺陷具有良好的效果。运维人员应在周期性的巡视过程中，依靠检测设备进行巡查，对于存在异常的柜子应缩短巡视周期，并根据异常情况的严重程度决定是否要停电检修。

二、开关类设备典型故障 2：开关柜顶扩母线产品质量存在缺陷

（一）故障情况说明

1. 故障过程描述

2020 年 3 月 30 日，某区局使用的北京某科技有限公司生产的 SF6 全绝缘封闭交流充气柜在送电过程中发生绝缘击穿故障。经检查发现，G007 柜 C 相顶扩屏蔽母线绝缘击穿，四通终端头烧损。

2. 故障设备基本情况

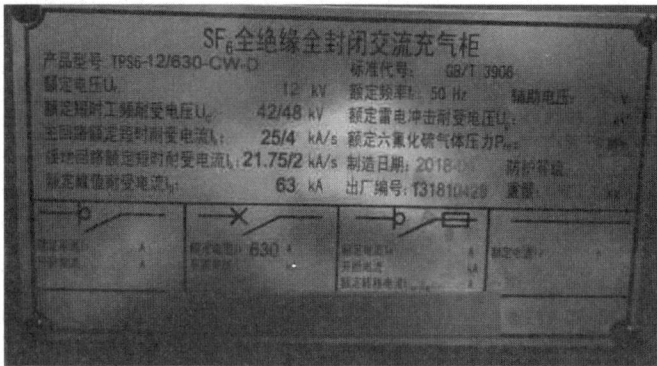

图 3-10　故障设备铭牌

（二）故障检查情况

1. 外观检查

故障开关柜外观正常，未见异常，如图 3-11 所示。

图 3-11　故障开关柜外观

2、解体情况

（1）3月30日施工队对故障开关柜进行开箱检查，发现 G007 柜顶四通终端接头外屏蔽层（至 G006 侧）与屏蔽母线绝缘护套搭接处放电击穿，详见图 3-12。

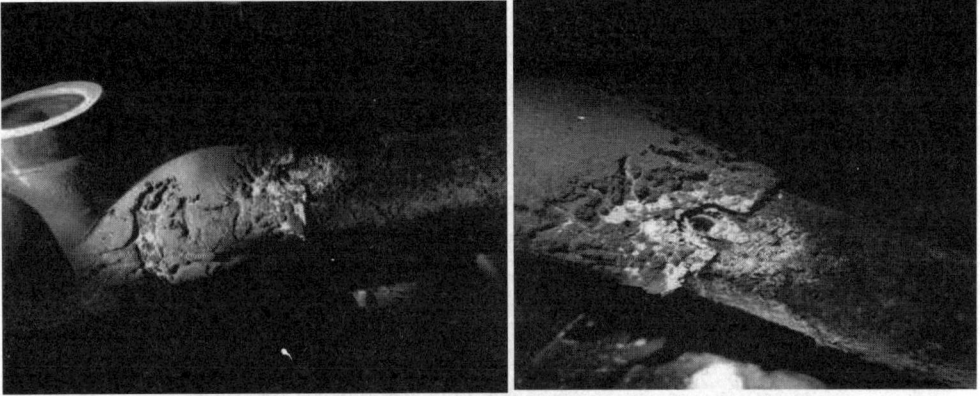

图 3-12　四通终端接头外屏蔽层与屏蔽母线绝缘护套搭接处

G006 柜顶四通终端接头左下侧对接地线处有爬电电树枝痕迹，见图 3-13。

图 3-13　四通终端接头左下侧对接地线处

柜顶所有母线熏黑，详见 3-14 上图；母线套管和其他设备无损坏，见 3-14 下图。

图 3-14　柜顶母线情况

（2）工作人员对柜顶母线进行解体分析，为便于分析故障点位置，提供顶母结构图（如图 3-15 所示），供读者参考。

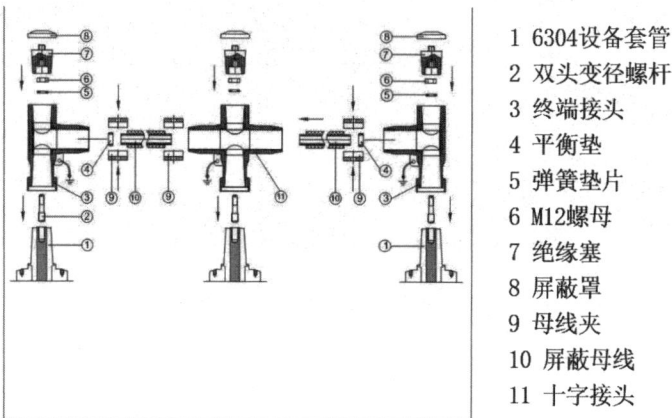

1　6304设备套管
2　双头变径螺杆
3　终端接头
4　平衡垫
5　弹簧垫片
6　M12螺母
7　绝缘塞
8　屏蔽罩
9　母线夹
10　屏蔽母线
11　十字接头

图 3-15　顶母结构图

解体发现屏蔽母线绝缘护套烧穿一个直径 1 厘米左右的小孔,屏蔽母线上的导电层已放电烧毁,表面变白色。G007 柜顶四通终端接头两侧表面都有放电电树枝,靠 G006 上侧烧蚀一个 2 厘米左右缺口,见图 3-16。

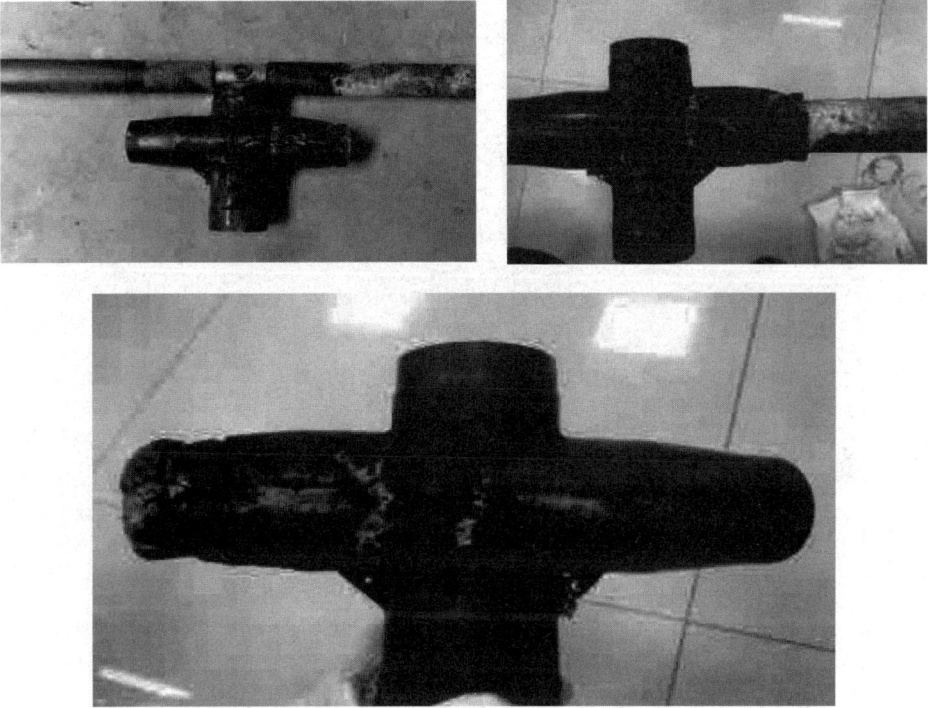

图 3-16 四通终端接头两侧表面

(3)对故障四通终端头进行解体检查,G007 柜顶四通终端头只有原放电处导电层出现烧损,内侧大部分绝缘层和导电层(黑色部分)完好,未见放电痕迹,见图 3-17。

图 3-17 四通终端头内侧情况

（4）模仿原安装样，将母线放回四通终端头内，四通终端头导电层与屏蔽母线导电层基本对接，详见图 3-18。

图 3-18　四通终端头导电层与屏蔽母线导电层对接

（5）剖开故障屏蔽母线并测量导电层绝缘电阻，导电层导电性能正常，详见图 3-19。

图 3-19　故障屏蔽母线导电层

（三）故障原因分析

1. 初步分析

为分析故障原因，现采用排除法从以下五个方面进行逐一分析。

（1）小动物进入开关柜

开关柜顶扩母线为全密封箱且母线为全绝缘母线，能有效阻止小动物进入，柜内未发现有能让小动物进入的通道，在现场清理时未发现有动物尸体，基本排除由小动物进入开关柜母线室造成的故障。

（2）有物件脱落或工器具遗留在母线室内

在现场检查时未发现开关柜有零部件脱落，现场也未发现有被电弧烧坏的工器具，所以可以基本排除安装施工时母线室有物件脱落或工器具遗留在柜内造成的故障。

（3）系统过电压

故障是在母线送电过程中发生的，所以可以基本排除进出线故障导致系统过电压造成的内部故障。

（4）母线现场施工安装不当

此类顶扩母线安装工艺不算复杂，安装不当只会导致接触不良的长时间发热性故障，而现场检查母线套管头和母线铜接头、压片未见发热变黑痕迹。且此故障是在送电过程中一合闸就发生的，基本可以排除施工不当引起的故障。

（5）屏蔽母线存在产品质量

从图 3-12 可以看出，故障相四通终端接头顶部烧蚀严重，故障相屏蔽母线绝缘护套烧穿口是在四通终端接头内应力锥与绝缘层搭接处，也是本次故障的放电点。由于四通终端接头内应力锥起到均衡电场的作用，交界处为电场应力集中点，当屏蔽母线绝缘材料存在杂质时，一合闸送电（正常情况下，新设备送电前需进行交流耐压试验，为什么会出现一送电就引起母线绝缘击穿事件？经了解，施工单位缺少试验接头，无法对通过进出线套管对母线进行耐压试验）就会发生四通终端接头内应力锥半导电层对地爬电，最终发展到贯穿主绝缘形成短路电弧，短路电弧烧蚀铜母线并形成击穿点。初步分析为屏蔽母线产品质量不良引起本次故障。

2. 最终结论

综合以上分析，此次故障主要原因为：屏蔽母线绝缘材料存在杂质，在合闸送电过程中带电母线通过杂质、四通终端接头应力锥半导电层、接地线形成导电回路，引起 C 相母线单相接地故障。

（四）故障防范措施

1. 交接验收方面

强化交接试验见证，及时发现施工单位未按交接规程要求开展交接试验的情况。

2. 其他方面

一是当设备出现故障时，及时检查和保护故障现场，并拍照保留证据。二是设备发生故障后，及时将故障情况通报至各区局，并统计各区局同厂家、同类型设备是否发生同类故障，排除此类设备的家族性缺陷。三是加快良平电力设备检测中心建设，加大配网设备抽检力度，提升配网设备产品质量。

三、开关类设备典型故障 3：电缆分支箱开关机构气箱质量不良

（一）故障情况说明

1. 故障过程描述

2013 年 8 月 18 日 11 时 47 分，110kV 某站 10kV 某线路零序过流保护动作，重合闸不成功，经分局急修班人员巡查发现，110kV 某站 10kV 某线路四号公用电缆分接箱 604 开关（进线）C 相电缆连接套管有烧蚀现象。

2. 故障设备基本情况

故障电缆分接箱参数及运行台账：

型号：FBX-C/12-20/C-C-C-C；额定电压：12kV；额定电流：630A。

SF6 充入气体压力 pre：0.03MPa；SF6 报警气体压力 pae：0.02MPa；SF6 最低气体压力 pme：0.02MPa。

出厂日期：2010 年 6 月；投运时间：2010 年 10 月。

此故障分接箱自 2010 年 10 月投运后气压呈缓慢下降趋势，到故障时气压表已降至接近最低值，故障发生后检查 SF6 气体压力表气压指示为零。

（二）故障检查情况

1. 外观检查

故障电缆分接箱开关机构气箱外壁有膨胀鼓包现象（气箱箱体采用不锈钢板制造），怀疑开关机构内发生过严重的电气故障。

2. 试验情况

绝缘电阻测试：

电缆分接箱 604 开关（进线）：A 相一地，10GΩ；B 相一地，10GΩ；C 相一地，500MΩ。C 相对地绝缘电阻明显偏低。

电缆分接箱 603 开关（出线）：A 相一地，35MΩ；B 相一地，10GΩ；C 相一地，35MΩ。A、C 相对地绝缘电阻明显偏低。

电缆分接箱 602 开关、601 开关（出线）三相绝缘电阻值均大于 10 GΩ。

3. 解体情况

（1）电缆分接箱 604 进线开关 C 相电缆接线室套管有烧焦现象，套管靠近箱体的底部箍环处存在明显裂缝，如图 3-20 所示。

图 3-20　电缆接线室接线 C 相套管烧焦及裂缝

（2）通过对故障电缆分接箱外部检查情况的分析，判断分接箱开关机构气箱内部曾发生电气故障，为查找故障点，决定解体故障电缆分接箱气箱，解体前使用 SF6 气体回收装置对分接箱机构气箱内 SF6 气体回收。

（3）解体后发现开关机构气箱底部留存有散落的金属微粒、类金属杂质，其内部结构如图 3-21 所示：

图 3-21　开关机构气箱内部结构

（4）开关机构气箱内，604 开关、603 开关 A/B/C 三相套管与导体的连接螺帽均发现电弧灼烧痕迹，存在明显烧蚀现象；螺帽正面金属隔板内侧及侧面金属隔板内侧均有电弧灼烧痕迹，且有明显高温灼烧后留下的圆圈印记，其中 604 开关 C 相处的螺帽烧蚀最为严重，C 相套管至气箱壳体处存在一处明显的贯穿性裂纹，如图 3-22 所示。

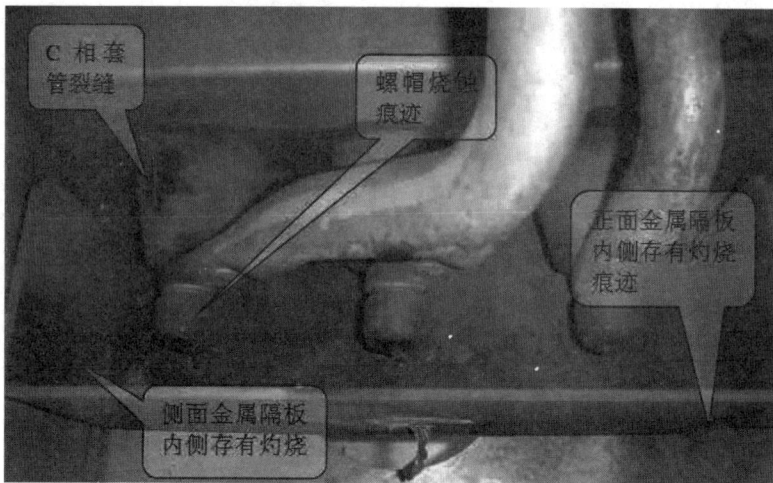

图 3-22　机构箱内三相套管螺帽烧蚀部位及 C 箱套管裂缝

（5）开关机构气箱内，604 开关、603 开关 A/B/C 三相套管上端铝导体表面氧化严重，镀锌层脱落，如图 3-23 所示。

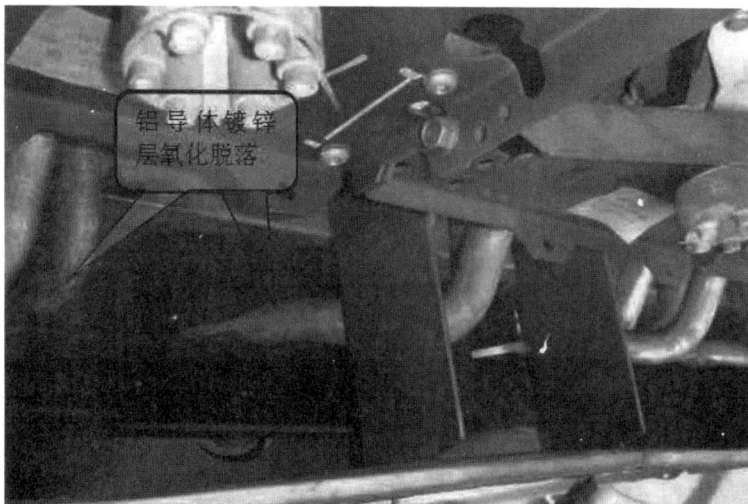

图 3-23　机构箱内三相套管上端铝导体镀锌层氧化脱落

开关机构箱内 A/B/C 三相套管与导体连接螺帽处至金属隔板正面距离约 30mm，在开关箱漏气、SF6 气体泄漏压力降低、潮气进入绝缘性能降低的情况下，这个位置的电气导体（突出部位为连接螺帽，螺帽的边缘倒角形成尖端）对金属隔板的绝缘主要依靠这 30mm 的间隙，如图 3-24 所示。

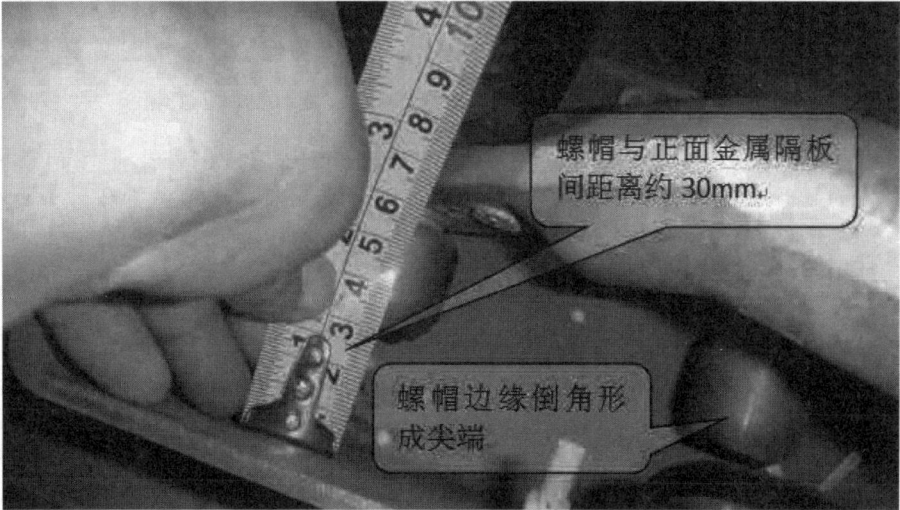

图 3-24　机构箱内螺帽与正面金属隔板距离及边缘倒角

（三）故障原因分析

1. 初步判断

根据现场解体情况初步判断，故障原因是开关机构气箱质量不良，导致 SF6 气体泄漏，气箱内存在自由移动的金属微粒，造成套管连接螺帽与金属隔板间 30mm 间隙处的气体绝缘不良，电场发生畸变，运行中连接螺帽的倒角对金属隔板间产生长时间的尖端放电（多只螺帽已被烧蚀缺角），最终发展为对地短路故障。

2. 金属微粒来源及 SF6 气体绝缘性能劣化分析

金属微粒在制造、安装和运行中均有可能产生，金属导体连接、嵌入时金属部位残余毛刺的脱落会产生金属微粒；运行中开关机构气箱 SF6 气体泄漏压力降低，SF6 气体通过漏气点与外部空气产生气体的交换，外部空气进入会导致气箱内湿度增加，使 SF6 气体绝缘性能劣化，运行中气箱内发热的部分铝导体，与进入的空气发生化学反应，其表面镀锌层氧化脱落，产生金属微粒或类金属杂质。

运行时三工位的负荷开关动静触头在开关分合时会产生电弧，尤其是当气箱内 SF6 气体泄漏压力降低后，604 进线开关负荷电流大，开关分闸时的拉弧现象会更加明显，烧出金属蒸汽，亦会劣化气箱内 SF6 气体绝缘性能。

3. 故障过程描述

（1）由于开关机构气箱内 SF6 气体泄漏压力降低，外部空气进入，SF6 气体绝缘性能劣化，气箱内部套管螺帽（螺帽的边缘倒角形成尖端）与正面金属隔板约 30mm 的空气间隙处气体绝缘不良，气箱内出现的金属微粒、类金属杂质易散落在气箱底部或角落处，在运行电压形成的电场作用下，造成间隙处电场发生畸变，导致局部电场过强，形成放电通道，进而引发内部绝缘局部被击穿，产生局部放电。

（2）从开关机构气箱内部铝导体表面氧化的情况来看，604、603 开关运行电流较大，开关套管连接螺帽上端的铝导体表面氧化、镀锌层脱落情况比较严重。镀锌层脱落形成的金属微粒或类金属杂质导致 604、603 开关 A/B/C 三相套管连接螺帽与正面金属隔板内侧之间发生局部放电，其中 A/C 两相套管连接螺帽亦与侧面金属隔板内侧之间发生局部放电，最终形成 604、603 开关 A/B/C 三相套管连接螺帽对金属隔板间的长时间尖端放电，使连接螺帽烧蚀，金属隔板内侧被电弧灼烧。从螺帽的烧蚀痕迹来看，604 进线开关 C 相套管螺帽的烧蚀现象最为严重。

（3）604 进线开关 C 相放电严重，产生巨大短路电流，会使 C 相套管表面逐渐烧裂、烧焦，套管整体绝缘性能劣化，同时短路电流会产生巨大的电流电动力。在热效应和电动力的双重作用下，C 相套管机构气箱内侧产生贯穿性裂缝，电缆接线室外侧套管底部箍环处出现裂缝，此处裂缝使电缆接线室外侧 C 相套管绝缘性能劣化，套管表面与电缆肘型接头的结合部位产生沿面爬电、闪络现象，使套管表面及电缆肘型接头出现烧焦现象。最终，C 相套管整体绝缘击穿，线路零序过流保护动作，引起线路跳闸，设备停电。

（四）故障防范措施

这起故障主要是由制造厂电缆分接箱的产品质量缺陷，开关机构气箱漏气所造成的，具有家族性缺陷的特征。为避免今后类似故障事件的发生，应在产品生产、出厂验收及运行维护环节对电缆分接箱的质量做出相应的防范措施。

（1）核查采用同型号开关机构的电缆分接箱，此开关机构由于其内部套管连接螺帽对金属隔板的间隙较小，在 SF6 气体泄漏气压降低时，易产生局部放电，对此型号开关机构在运行中应加强巡视，对出现漏气的电缆分接箱及时补气或更换。

（2）局部放电试验对检测电缆分接箱内部潜在性的绝缘缺陷比较有效，应加强对运行中电缆分接箱尤其是存在 SF6 气体泄漏的电缆分接箱，进行局部放电带电测试工作，判断设备内部是否存在绝缘缺陷，避免开关局放现象的发生。

（3）电缆分接箱的交接试验项目应增加 SF6 气体密封性试验，采用检漏仪对开关机构气箱各密封部位、焊缝及管道接头等处进行检测。

(4) 电缆分接箱出厂验收应增加开关机构密封试验见证，供应商应对每台电缆分接箱进行出厂前的密封试验，并提供试验报告。

(5) 电缆分接箱须配置有刻度值的 SF6 气体压力表和充气孔，压力表应方便运维人员巡视记录，同时增加气压表额定值、报警值、不可操作值标签标识。

(6) 供应商应为各设备使用分局提供至少 1 套 SF6 充气接头，并在设备维护说明书中提供充气、补气的操作工艺要求，加快各分局对电缆分接箱运行中自行补气的维护工作。

(7) 电缆分接箱电缆室引出套管接头与肘形电缆头连接处同样是电缆分接箱故障率较高的部位，是威胁电缆分接箱安全稳定运行的故障隐患，应采取措施确保其接触面足够，连接牢靠，符合温升要求。

四、开关类设备典型故障 4：电缆分支箱开关接触不良发热

(一) 故障情况说明

1. 故障过程描述

(1) 2019 年 4 月 10 日 15 时 48 分，110kV 某站 10kV F24 某线、F22 某线保护动作跳闸，重合不成功。16 时 01 分，抢修人员巡查该站 F22-10kV 线路发现，10kV 某公用电缆分接箱 604 开关至 10kV 中心 3 号公用配电站电缆中间头 B 相绝缘电阻为 0。17 时 02 分，抢修人员根据附近群众反映，得知 110kV 该变电站 F24-10kV 某线 10kV 工业路 2 号公用电缆分接箱有爆炸声音；经检查发现 2 号公用电缆分接箱 602 开关避雷器 A 相对开关箱门放电接地，再检查发现 2 号公用电缆分接箱 602 开关避雷器 A 相绝缘电阻为零。2 号公用电缆分接箱 602 开关无法操作。调度运行管理系统反馈信息：该站 10kVF24 线路跳闸前负荷为 180A，停电 11.6 小时，故障造成停电用户 149 户（低压 149 户），减少时户数 1728.4 户，损失供电负荷约为 3MW，损失电量为 34.8MWh，没有造成重要用户影响。当天天气情况：阴天；气温：21—25℃；湿度：37%；风力：北风 2 级。

(2) 2019 年 4 月 25 日 20 时 37 分，110kV 该变电站 F24-10kV 线路保护动作，重合不成功。20 时 52 分，抢修人员对 F24-10kV 该线路巡查线遥测发现，F24-10kV 线路 10kV 工业路 3 号公用电缆分接箱母排 B 相对地击穿绝缘电阻为 0，导致线路零序过流保护动作跳闸。

110kV 该变电站 F24-10kV 线路 10kV 工业区 3 号公用电缆分接箱长期处于受

污染的运行环境中，不利于设备安全运行。

2. 故障设备基本情况

（1）故障设备信息

表 3-1

单位名称	某区供电局	设备名称	电缆分接箱
设备安装位置	某站 F24 #2#3 电缆分接箱	设备型号	8DH10
生产厂家	广州某有限公司	出厂日期	2010-06
投产日期	2010-12-23	额定电流	630A

（2）故障设备结

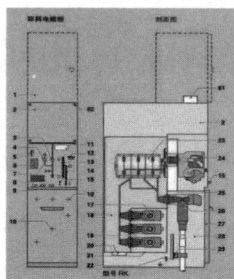

图 3-25　故障设备结构图

（二）故障检查情况

1. 设备故障前运行方式

故障前，某站 F22、F24 同母线运行。F24 通过 1 号公用电缆分接箱 601 开关接入，1 号公用电缆分接箱 602 开关对 2 号电缆分接箱供电。2 号电缆分接箱由 601 开关接入。2 号公用电缆分接箱 602 开关对 3 号电缆分接箱供电，3 号电缆分接箱通过 601 开关接入运行。

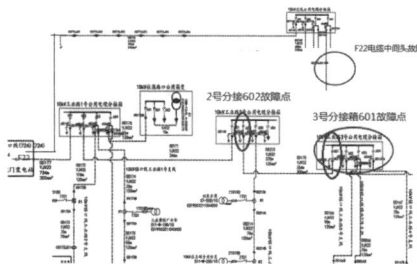

图 3-26　设备故障时接线图

2. 外观检查

2019 年 4 月 10 日 15 时对 F24-10kV 线路 10kV 工业区 2 号公用电缆分接箱所有开关进行检查，发现 602 开关无法操作，其余开关能正常分合，602 开关避雷器绝缘损坏，A 相对开关箱门有放电痕迹，602 开关防爆膜动作，开关柜气压指标器指向红区，已经漏气。

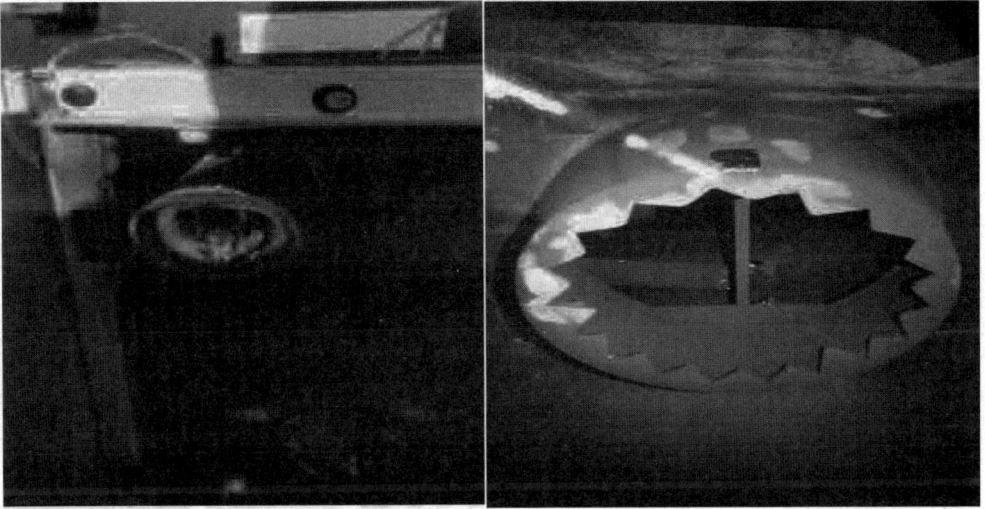

图 3-27　电缆分接箱

3. 解体情况

（1）2019 年 5 月 27 日检查情况：对 F24-10kV 线路 10kV 工业区 2 号公用电缆分接箱（故障日期 4 月 10 日）和 3 号公用电缆分接箱（故障日期 4 月 25 日）进行解体，由于工具准备不足，当天只对柜前进行初步检查。两个电缆分接箱电缆与避雷器已拆除，故障避雷器不在现场。

厂家人员先后拆开 2 号公用电缆分接箱 602、3 号公用电缆分接箱 601 开关母线室封板，发现 2 号公用电缆分接箱 602 开关 B 相套管与柜体不锈钢有放电现象（未击穿），3 号公用电缆分接箱 601 开关 B 相套管与柜体不锈钢有放电现象（已击穿）。

（2）2019 年 6 月 3 日检查情况：用手动砂轮机对 F24-10kV 线路 10kV 工业区 2 号公用电缆分接箱（故障日期 4 月 10 日）602 开关后柜封板进行切除，由于后柜封板材质坚硬，手动砂轮机无法大面积切除，当天只对 602 开关柜切开小口，发现 602 开关下侧套管上方母线处有高温熔化后的塑料胶。

2 号公用电缆分接箱 602 开关检查情况（4 月 10 日故障）	3 号公用电缆分接箱 601 开关检查情况（4 月 25 日故障）
拆开 602 开关下柜门	拆开 601 开关下柜门
拆开 602 开关母线室下封板和 BC 相母线堵头	拆开 601 开关母线室下封板
堵头存在清洁不彻底 602 开关 B 相套管与柜体有放电但未烧穿	拆开 601 开关 B 相套管与柜体有放电并烧穿

图 3-28 2 号公用电缆分接箱 602 开关解剖情况

（2）2019 年 6 月 3 日检查情况：用手动砂轮机对 F24-10kV 线路 10kV 工业区 2 号公用电缆分接箱（故障日期 4 月 10 日）602 开关后柜封板进行切除，由于后柜封板材质坚硬，手动砂轮机无法大面积切除，当天只对 602 开关柜切开小口，发现

602 开关下侧套管上方母线处有高温熔化后的塑料胶。

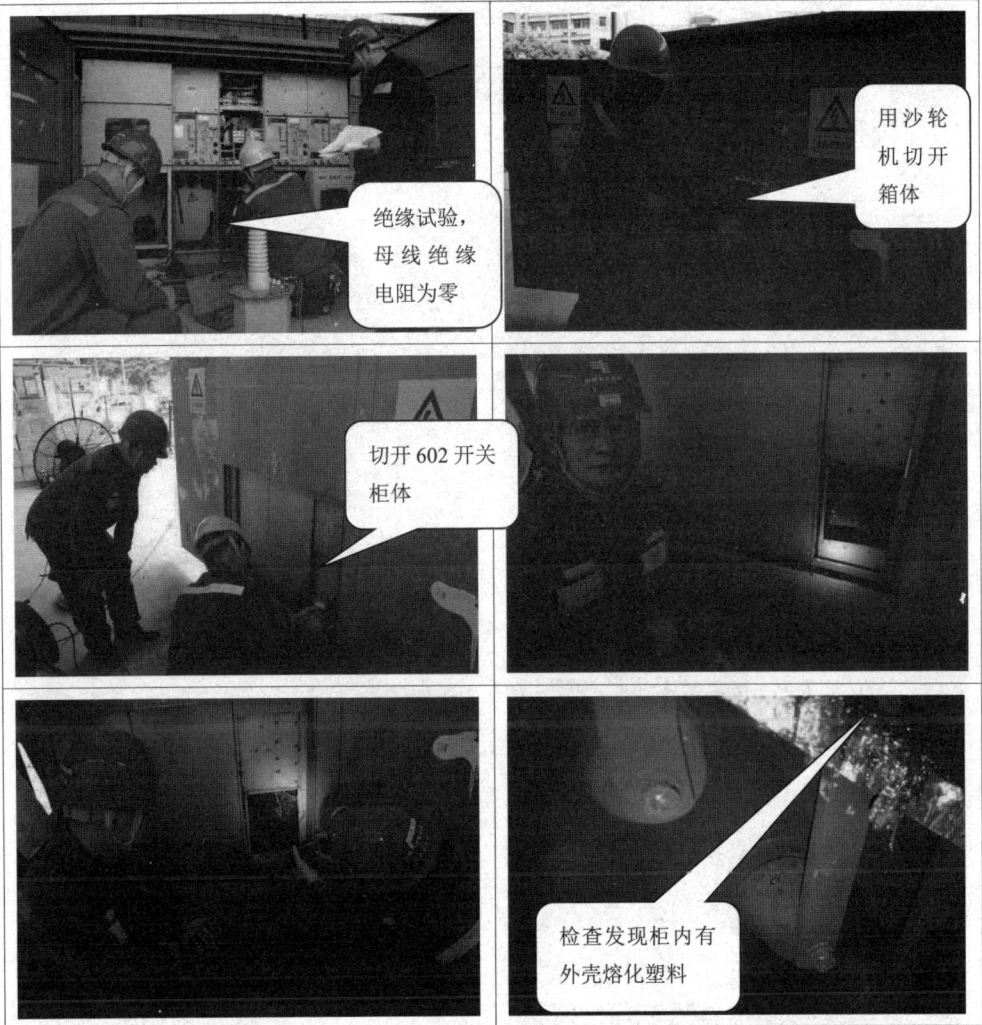

（3）2019年6月17日检查情况：用风焊对 F24-10kV 线路 10kV 工业区 2 号公用电缆分接箱（故障日期 4 月 10 日）、3 号公用电缆分接箱（故障日期 5 月 25 日）所有开关后柜封板进行切割后检查，检查情况如下。

2 号公用电缆分接箱 4 月 10 日 602 开关故障

3 号公用电缆分接箱 4 月 25 日 601 开关故障

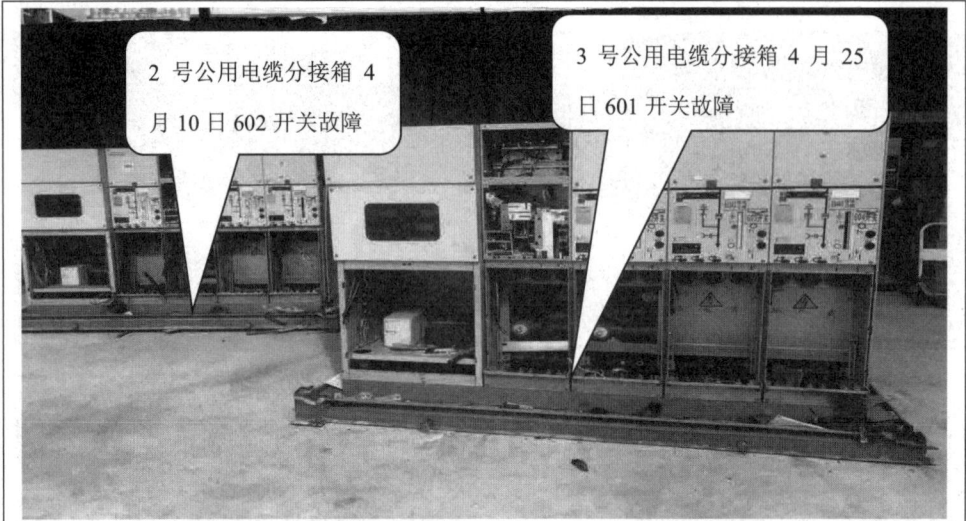

2 号公用电缆分接箱 602 开关解剖检查情况（4 月 10 日故障）	3 号公用电缆分接箱 601 开关解剖检查情况（4 月 25 日故障）

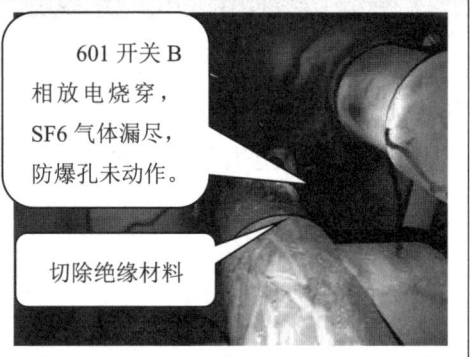

602 开关内发生严重燃弧，三位置开关 C

601 开关内未见燃弧痕迹

602 开关 C 相母排散热片已掉落

601 开关 B 相放电烧穿，SF6 气体漏尽，防爆孔未动作。

切除绝缘材料

金属蒸汽气泡

无放电痕迹

防爆膜爆裂

套管根部与金属外壳击穿对地放电

A相套管母线有对柜体放电痕迹

防爆膜未动作

柜体放电痕迹

套管根部与金属外壳对地放电

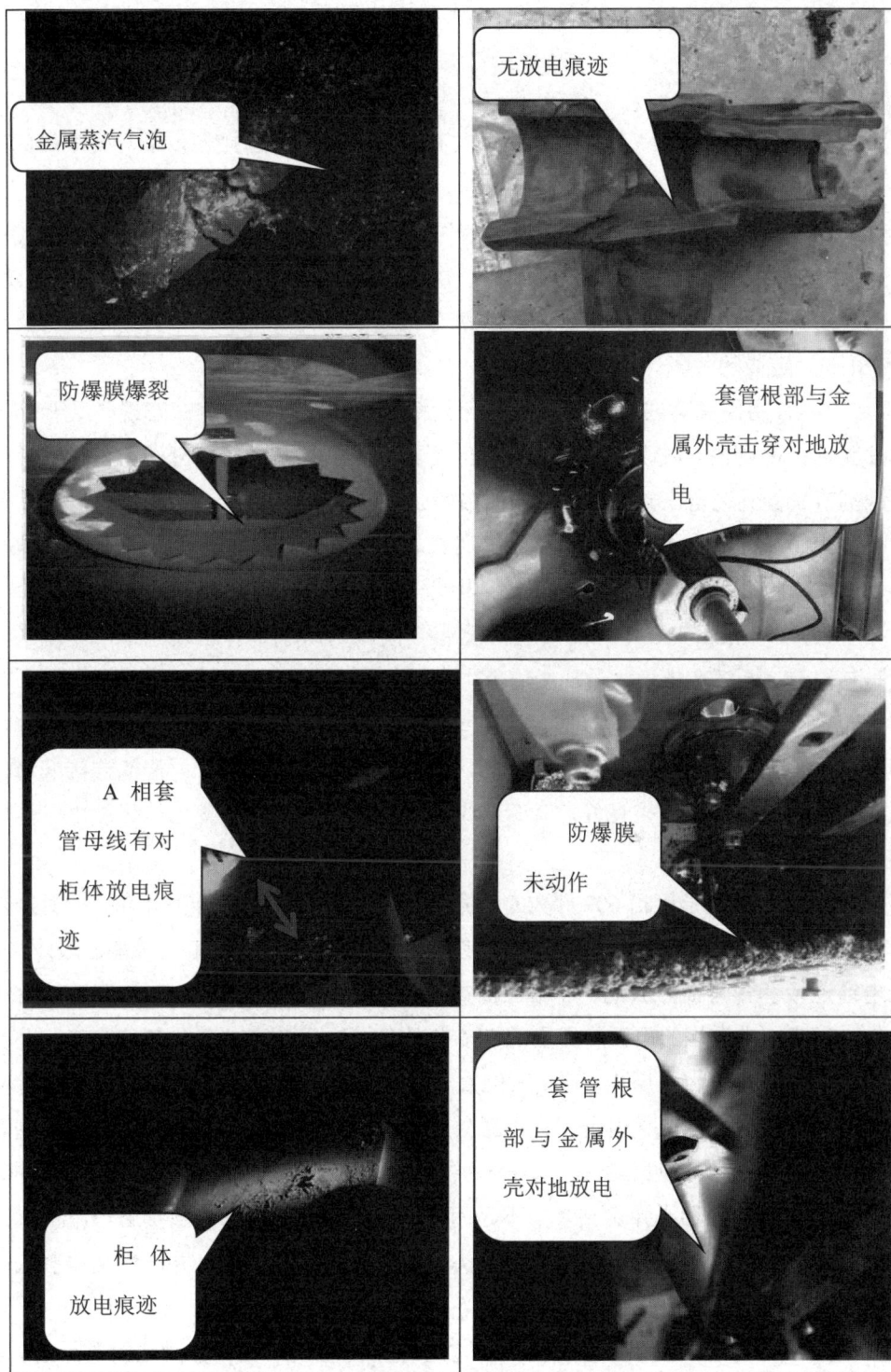

图 3-29　3 号公用电缆分接箱 601 开关解剖检查情况

（三）故障原因分析

1. 初步分析

为分析 2 号公用电缆分接箱 602 开关和 3 号公用电缆分接箱 601 开关故障的确切原因，现从以下几个方面逐一进行分析。

（1）小动物进入开关柜：在现场清理时没有发现动物尸体；检查电缆分接箱开关柜整体密封性良好，能有效阻止小动物进入，未发现有能让小动物进入的通道，所以基本排除由小动物进入 2 号公用电缆分接箱 602 开关柜和 3 号公用电缆分接箱 601 开关柜造成的故障。

（2）有物件脱落或工器具遗留在开关柜内：在现场检查时未发现开关柜有零部件脱落；现场也未发现有被电弧烧坏的工器具，所以基本排除开关柜出厂时有物件脱落或工器具遗留在开关柜内造成的故障。

（3）系统过电压：根据保护装置提高数据，在故障前未发现系统有过电压情况。所以基本排除系统过电压造成 2 号公用电缆分接箱 602 开关 C 相上触头故障。

（4）现场施工安装不当：此型号电缆分接箱为厂家整体组装完毕，到现场直接吊装安装，不存在施工人员现场施工不当引起的故障。

（5）母线与套管车接松动发热引起故障：解体当天拆除套管与母线连接螺母力度正常，无发现松动；开关柜解体后，尝试用内六解拆除套管与母线连接螺母，无法拆除，说明螺母连接良好，套管端母线变色为当时套管根部对柜体放电发热所致。

（6）2 号电缆分接箱 602 开关 C 相触头发热，熔化三位置开关外壳，同时产生金属蒸汽导致与后柜板绝缘闪络击穿：经检查，发现 602 开关 A 相避雷器爆炸，B 相电缆连接套管与柜体放电、C 相三位置开关 C 相顶部外壳熔化、602 开关防爆膜动作，说明柜内燃烧的电弧将周围的 SF6 气体加热，引致 SF6 气体急剧膨胀，并在开关柜内部产生巨大的压力。602 三位置开关 C 相电臂上有大量气泡，根据运行经验判断，这些气泡是在导电臂失去绝缘外壳保护后，长时间与柜后门放电产生高温环境产生的。同时，根据 C 相上动触头弹簧烧断情况，可判断 2 号电缆分接箱 602 开关由于 C 相动静触头弹簧夹紧力不足而使触头发热、氧化，导致接触电阻增大，发热造成触指接触压力进一步下降，触头严重发热熔化开关外壳并产生金属蒸汽，金属蒸汽最终与后柜门产生闪络放电。

（7）3 号电缆分接箱 601 开关 B 相套管根部与金属外壳击穿对地放电：由于 4 月 10 日 602 开关 C 相电弧放电，导致 2 号电缆分接箱 602 开关、3 号电缆分接箱 A、

B 相过电压。过电压对套管根部绝缘薄弱点产生累积效应，当达到一定程度时，根部与金属外壳击穿对地放电。

2. 最终结论

综合以上分析，此次设备绝缘短路故障源于 4 月 10 日 2 号公用电缆分接箱 602 开关 C 相触头。由于 602 开关接触不良，引起接触电阻增大而发热，发热造成压紧弹簧接触面压力下降，触头温度不断升高，熔化三位置开关外壳，同时高温使触头金属冒烟并产生金属蒸汽，与后柜封板相间短路放电。C 相单相接地故障引起同一母线段的 A、B 相过电压，过电压最终导致 F22-10kV 沙太线 10kV 兰苑公用电缆分接箱 604 开关至 10kV 中心 3 号公用配电站电缆中间头 B 相绝缘薄弱点绝缘击穿，导致 2 号电缆分接箱 602 开关 A 相避雷器放电。强烈的过电压使避雷器与柜门的空气绝缘被击穿，弧光短路产生的高能热量加剧了避雷器的爆炸，也导致 601 开关柜内母线 A 相套管与柜体放电。C 相过电压也对 3 号电缆分接箱 601 开关 B 相套管根部绝缘薄弱点产生累积效应，3 号电缆分接箱 601 开关 B 相套管根部经过 15 天长时间放电，柜体烧穿，可以说明此处有长时间放电现象。

（四）故障防范措施

1. 设计方面

一是电缆分接箱须配置有刻度值的 SF6 气体压力表和充气孔，压力表应方便运维人员巡视记录，同时增加气压表额定值、报警值、不可操作值标签标识；二是电缆分接箱电缆室引出套管接头与肘形电缆头连接处是电缆分接箱故障率较高的部位，是威胁电缆分接箱安全稳定运行的故障隐患，应有措施确保其具有足够的接触面，连接牢靠，温升符合要求。

2. 出厂验收方面

这起故障主要是由于制造厂电缆分接箱的产品质量缺陷，开关盒曾接触不良造成的，具有家族性缺陷的特征。为避免今后类似故障事件的发生，应在产品生产、出厂验收及运行维护环节对电缆分接箱的质量做出相应的防范措施。电缆分接箱出厂验收应增加气箱密封试验见证，供应商应对每台电缆分接箱进行出厂前进行密封试验，并提供试验报告。

3. 交接验收方面

一是电缆分接箱的交接试验项目应增加 SF6 气体密封性试验，采用检漏仪对气箱各密封部位、焊缝及管道接头等处进行检测；二是交接试验重点检查开关回路电阻试验（出线套管至母线套管头间回路电阻，以便检查开关合闸情况和套管与母线连接情况）。

4. 运维方面

一是该电缆分接箱气箱内开关机构由于其套管连接螺帽对柜体金属隔板的间隙较小，在 SF6 气体泄漏气压降低时，易产生局部放电，对运动中的此类电缆分接箱应加强巡视，对出现漏气的电缆分接箱及时停电处理；二是局部放电试验对检测电缆分接箱气箱内部潜在的绝缘缺陷比较有效，应加强对虎门站 F24 线路上运行中电缆分接箱尤其是存在 SF6 气体泄漏的电缆分接箱，进行局部放电带电测试工作，判断设备内部是否存在绝缘缺陷，避免开关局放现象的发生；三是应加强对虎门站 F24 线路上运行中电缆分接箱进行停电试验，检查开关的回路电阻和母线耐压试验，以便检查开关合闸是否良好，套管是否存在根部放电缺陷等。

5. 其他方面

一是当设备出现故障时，应第一时间对设备外观进行检查并拍照，方便日后设备故障分析。二是设备出现故障后，应对同线路运行设备进行检查试验，防止同类设备故障再次发生。

五、开关类设备典型故障 5：半绝缘负荷开关触头压紧弹簧质量问题

（一）故障情况说明

1. 故障过程描述

2020 年 7 月，连续发生 3 起 10 千伏线路过流 II 段保护动作、重合闸不成功事件。经现场检查，同为某公司 2016 年招标的同批次 SF6 半绝缘负荷开关柜在正常运行过程中发生绝缘击穿故障，3 起事件同为 A 相绝缘击穿。

2. 故障设备基本情况

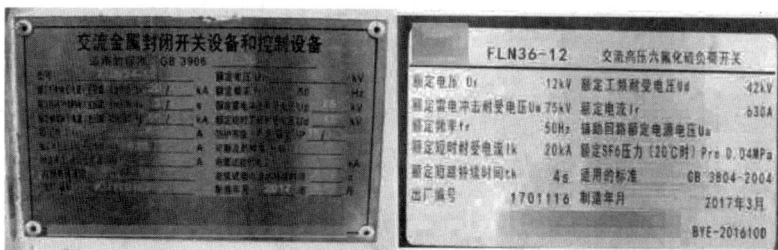

图 3-30 故障设备铭牌信息

表 3-2　10kV 负荷开关基本信息

运维单位	双编	厂家	开关柜型号	负荷开关型号	负荷开关编号	出厂日期	投运日期
/	/	/	XGN24-12	FLN36-12	1701116	2017 年 3 月	2017 年 7 月 6 日

（二）故障检查情况

1. 外观检查情况

图 3-31　故障现场

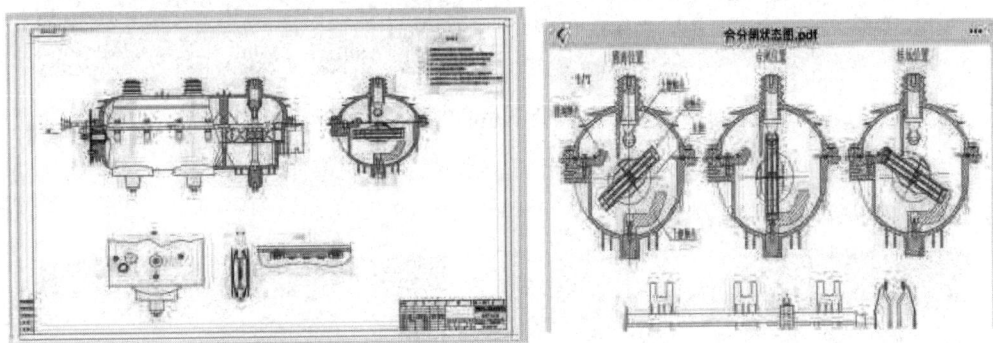

图 3-32　设备结构图

2. 解体情况

（1）7 月 22 日对故障开关柜体外观进行检查，发现 G02 出线柜后箱泄压通道被冲开，出线室箱体 A 相端部环氧树脂破裂。

图 3-33　故障设备

（2）拆开负荷开关箱体检查，负荷开关上箱体 A 相静触头已严重烧蚀，B、C相存在热变形。下箱体主轴严重热变形弯曲且一侧无法固定，燃弧气流冲破靠 A 相箱体的薄弱处并有明显孔洞，A 相动触头触指烧损严重，B 相动触头一侧触指脱落，C 相动触头正薄常。

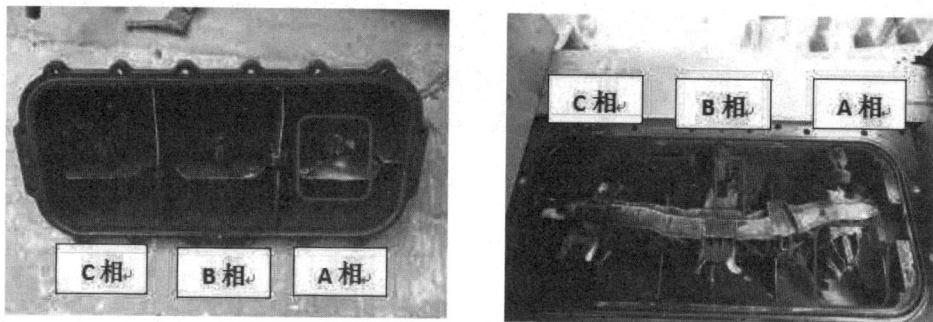

图 3-34　拆开后的内部视图

拆开下转动轴和动触头触指，由于严重烧损，A 相触指无法拆下，B 相动触头触指一侧弹簧片压片断裂。

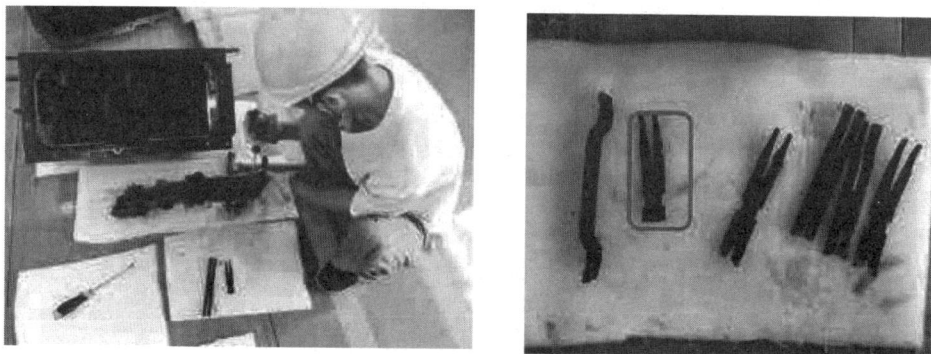

图 3-35　拆下的弹簧压片

3. 同型号开关柜试验情况

8月11日，在电力设备检测中心抽检了故障柜相邻的开关柜，开展了绝缘电阻、回路电阻、交流耐压、局部放电、X光等项目试验，未发现异常。

图 3-36　同型号开关柜试验现场

（三）故障原因分析

1. 初步分析

为分析故障原因，现采用排除法从以下三个方面进行逐一分析。

（1）有物件脱落或工器具遗留在开关气室内

在现场检查时未发现其他零部件脱落；现场也未发现气室内有被电弧烧坏的工器具，可以基本排除开关气室有异物遗留在柜内而造成短路的故障。

（2）系统过电压

故障前，站内无任何进行开关分合或刀闸操作，相关线路亦无雷击状况，其中溪头甲线跳闸前负荷为412A，仅为其额定电流的65%，可排除过电压或过负荷导致的故障。

（3）开关接触不良引起发热

综合现场调查与解体分析，将设备故障过程分析如下（大概分为三个阶段）。

①初始阶段：负荷开关B或C相动触指压紧弹簧片断裂，导致触指脱位，在开关合闸时形成阻力，造成转动轴最后一相（A相）触指与静触头接触不良，甚至是虚接。负荷电流仅流过接触良好部分的触指，导致这部分触指的载流量超出其额定值，引起触指的持续发热。由于刀闸静触头室完全密封，持续发热产生的热量无法及时疏散，引起动、静触头温度持续上升。

②发展阶段：温度的上升使得动触头压紧弹簧产生膨胀导致其对触指压力下降，引起刀闸式开关动静触头接触电阻增大。根据热量与电流的关系式 $Q=I^2Rt$ 可知，在

同等负荷条件下，当动静触头的接触电阻越大，产生的热量就越多，静触头室内的温度也就越高。过高的温度使得部分触指开始熔化，导致载流触指数量进一步下降，剩余触指载流量严重超出其设计的额定值，触指发热进入了恶性循环阶段。

③相间或对地短路阶段：高温使得触指不断熔化，空气中出现汽化的铜粒子，急剧膨胀的空气带着铜粒子在开关气室内游离，从而导致相间或对地绝缘强度下降形成导电通道，引起相间或对地短路爆炸故障，燃弧气压通过负荷开关下躯壳的泄压爆破处，释放爆燃气体。

2. 厂家对弹簧断裂原因的推断

（1）查触头弹簧采购记录

2016 年 11 月 18 日前，厂家一直采用佛山联若五金生产的触头弹簧，因广东省环保监督检查，原供应商车间设备为整改对象，导致生产货期不满足；

2016 年 11 月 18 日到检 300 件，为新供应商深圳诚浩达电气生产的触头弹簧；

2016 年 11 月 30 日后，延续采用佛山联若五金生产的触头弹簧。

至今未更换第二家供应商。

（2）深圳诚浩达电气批次的弹簧质量分析（排除法）

①存在表面热处理的回炉淬火时，温度过高导致触头弹簧硬度过高，容易发生脆性断裂。

——有进仓检验报告，硬度要求 42°~48°，实测值在范围内（该原因排除在外×）。

②模具冲压"加强凸包"过程，留下刀痕，导致有应力集中，可能造成隐形、细微裂痕。

——不排除新供应商的模具存在"刀口"倒角过小，影响零件品质（该原因需继续调查△）。

③触头弹簧在热处理后，进入"酸洗"过程，"氢"进入材料中，该工序必须做好"除氢"处理（高温环境烘干水分）。

——推断供应商没有做好"除氢"工艺，导致零件发生"氢脆"断裂（该原因可能性最大★）。

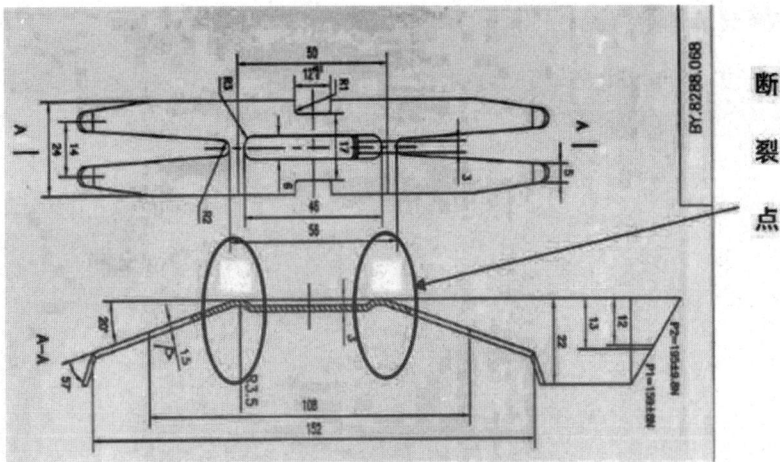

图 3-37 触头弹簧示意

综上所述，触头弹簧的生产加工，工艺要求高，批量性生产数量大。若在某个环节出现工艺缺失或没有达到技术要求，将存在缺陷或隐患，导致了类似本次事故的发生。

3. 最终结论

综合以上分析，此次三起故障主要是由产品零部件质量问题导致的：负荷开关内 B 或 C 相动触头压紧弹簧断裂导致触指松脱使转轴形成阻力，致使最远一相（A 相）动静触头接触不良发热，长时间发热导致开关气室内热崩溃爆炸故障。

（四）故障防范措施

（1）厂家联合区局对同批次产品进行排查并制定处理方案。

（2）区局对运维人员发出操作风险提示，操作此批次开关时注意机构操作是否受阻，严禁强行操作。

（3）区局根据厂家排查清单，尽快安排停电进行开关更换。

六、开关类设备典型故障 6：半绝缘负荷开关柜设计不合理故障

（一）故障情况说明

1. 故障过程描述

2021 年 5 月，某小区电房发生 10kV 过流保护动作、重合闸不成功事件。经现场检查发现，某厂家 SF6 半绝缘负荷开关柜（601 柜）在运行过程中发生局部放电，引起线路跳闸。线路跳闸前天气情况良好，当时负荷为 50A。

2. 故障设备基本情况

故障设备由 Schneider 生产，投运时间：2000-05-01。

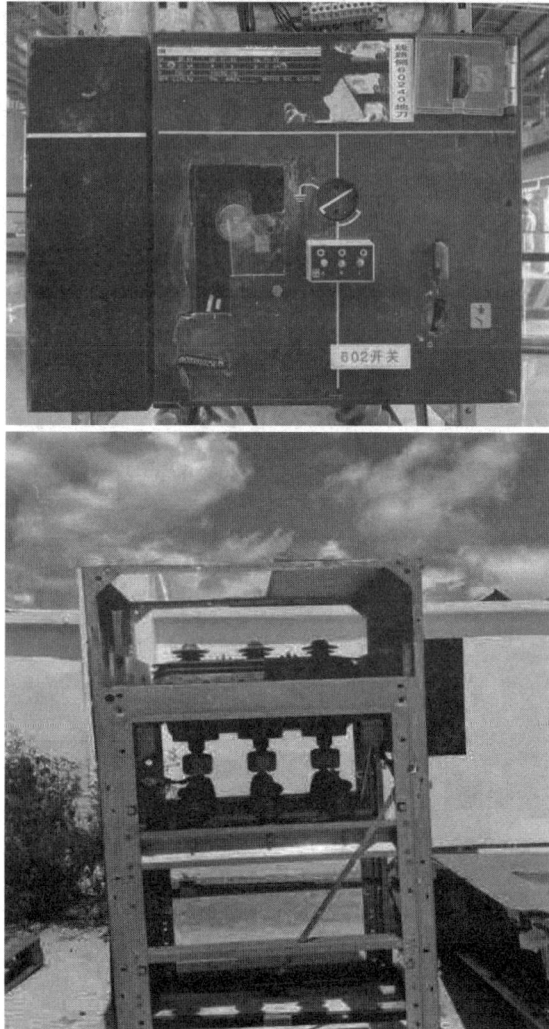

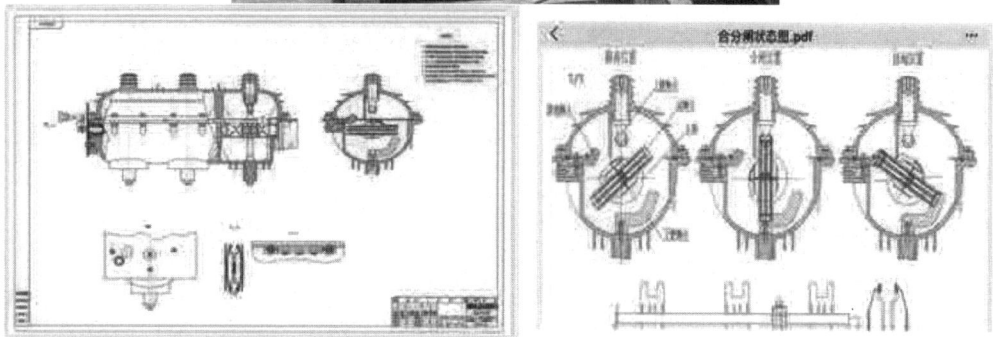

图 3-38　故障设备基本情况

（二）故障检查情况

1. 解体情况

（1）检查开关母线室：母线室无泄压通道，只有网状通风散热口，散热口前后严重生锈。

图 3-39　开关母线室

（2）检查开关上端口：开关上部母线绝缘套管有铜绿，开关表面有水流的痕迹，说明柜内母线室受潮严重，存在柜顶滴水的可能。

图 3-40　开关上端口

（3）开关柜表面有树状放电痕迹，说明开关柜表面已经出现长时间的爬电。

图 3-41　开关表面

（4）检查开关下端口：下断口套管表面有放电并出现碳化现象。

图 3-42　开关下端口

（5）检查一起并装的其余开关柜，开关上下表面同样严重积污且存在不同程度的表面爬电现象，母线室散热口严重生锈。

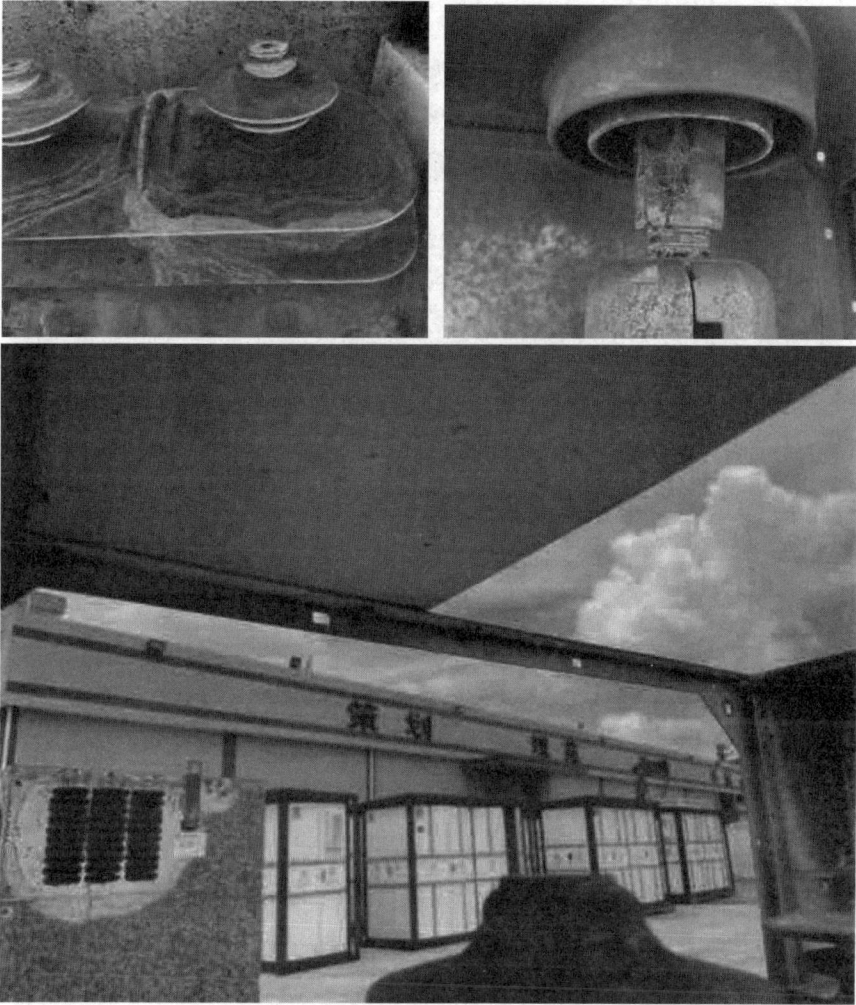

图 3-43　其余开关柜情况

2. 试验情况

对 601、603 半绝缘柜进行上下断口交流耐压试验，601、603 柜试验情况：上断口短路接地，开关分闸，下断口短接并分别施加 10kV 电压、20kV 电压、30kV、38kV 电压。结果不跳闸，说明开关内部无故障，但从 10kV 开始，开关下断口表面放电。下断口短路接地，开关分闸，上断口短接并分别施加 10kV、20kV、30kV、38kV 电压。结果不跳闸，但从 10kV 起，开关表面开始放电。

对 603 开关上断口表面进行清洁，下断口短路接地，开关分闸，上断口短接并分别施加 10kV、20kV、30kV、38kV 电压，结果不跳闸，且无放电现象。

图 3-44 开关上断口

（三）故障原因分析

1. 初步分析

早期的半绝缘开关柜体设计不合理，母线室缺少漏压通道和防潮装置，加上后封板设有孔状散热孔，一来不符合防护等要求，二来容易引起柜内积灰，三来在母线室没有防潮装置的情况下，潮气进入柜内，在柜顶形成水珠并往下滴，加上虎门地区靠近大海，带有盐分的水珠不仅腐蚀铜母线和柜体，而且与柜内积灰结合，引起开关表面爬电，长时间会引起局部放电。

2. 最终结论

综合以上分析，开关柜设计不合理，母线室散热孔进入灰尘和带有盐分的潮气，导致开关表面爬电产生局部放电，最终引起线路跳闸。

（四）故障防范措施

（1）对同类厂家、同类型开关柜开展带电局部放电检测，发现问题立即处理。

（2）对同类厂家、同类型开关柜，尽快安排停电进行清洁，同时检查电缆室防潮装置是否良好。

（3）对同类厂家、同类型开关柜进行技术改造，将散热孔改成防爆漏压孔，并在母线室内加装防潮装置。

七、开关类设备典型故障 7：电缆分接箱接地刀闸分闸不到位

（一）故障情况说明

1. 故障过程描述

2021 年 3 月，10kV 16 号公用电缆分支箱 603 间隔新接入负荷后，在送电过程中导致上一级线路速断保护动作，重合闸成功。经现场检查怀疑电缆分支箱 603 间隔内部绝缘击穿。

2. 故障设备基本情况

（1）故障设备信息

图 3-45　设备铭牌及外观

（2）故障设备内部结构

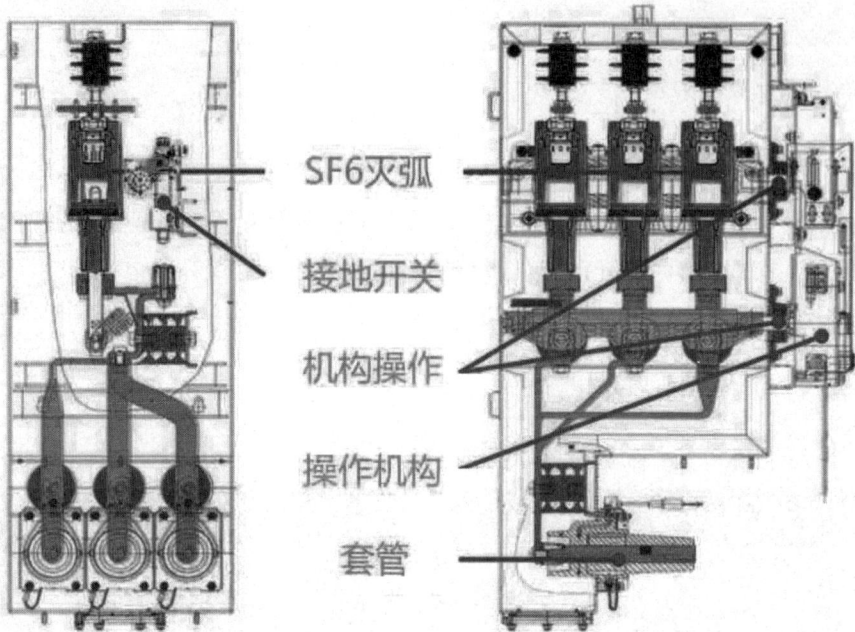

图 3-46　设备内部结构图

（3）设备故障前运行方式

10kV 黄沙 16 号公用电缆分支箱于 2011 年安装并投运，故障前通过 10kV 黄沙 3 号公用电缆分支箱 604 间隔向 10kV 黄沙 16 号公用电缆分支箱 601 供电。602、604 正常运行，603 为备用间隔。2021 年 3 月接入新负荷前，603 间隔 60340 接地刀在合闸状态，603 开关在分闸状态，603 间隔电缆完成相关试验并申请送电，运维人员开始操作送电。首先分开 603 间隔 60340 接地刀闸，发现接地刀闸指示在半分位置，且防误装置卡片没有完全闭合。然后操作合 603 开关送电，此时电压下降，上一级开关重合闸动作成功。运行方式如图 3-47。

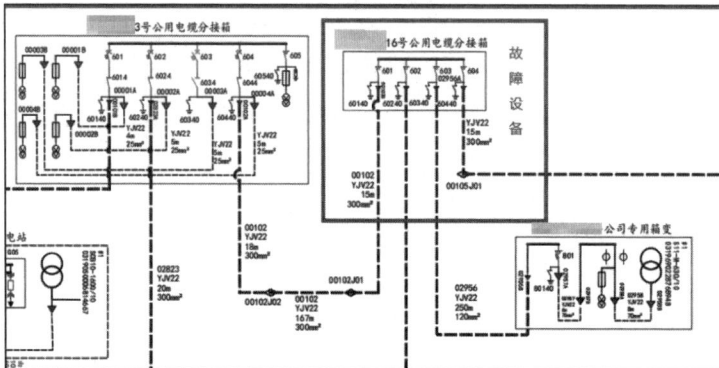

图 3-46　故障时接线图

（二）故障检查情况

1. 故障设备试验情况

4月8日，在电力设备检测中心对环网柜进行回路电阻和交流耐压试验，分别测试10kV黄沙16号公用电缆分支箱601-602、602-603、603-604间隔主回路电阻，结果合格。整体交流耐压试验，601、602、603、604开关在合闸状态，从603间隔施加42kV电压，结果合格。603断口耐压试验，601、603、604开关分闸、602开关呈合闸状态，并将602间隔出线套管分别接地，分别从603间隔A、B、C出线套管施加42kV电压，只有A相通过耐压试验。

图3-48　耐压试验

2. 故障设备解体情况

（1）对电缆分支箱外观进行检查，未发现异常，气压表压力正常，箱底泄压通道未动作。

图3-49　泄压孔

（2）601、602、603、604间隔操作机构操作检查，未发现卡阻。60340接地

119

刀闸和 603 开关防误片功能正常，操作面板分合闸指示正常，虽然面板上的接地刀闸指示为"分"，但因 60340 接地刀闸在开关箱里面，操作人员无法确认箱体里面的接地刀是否真正分开，只能靠面板上的分合指标来操作。

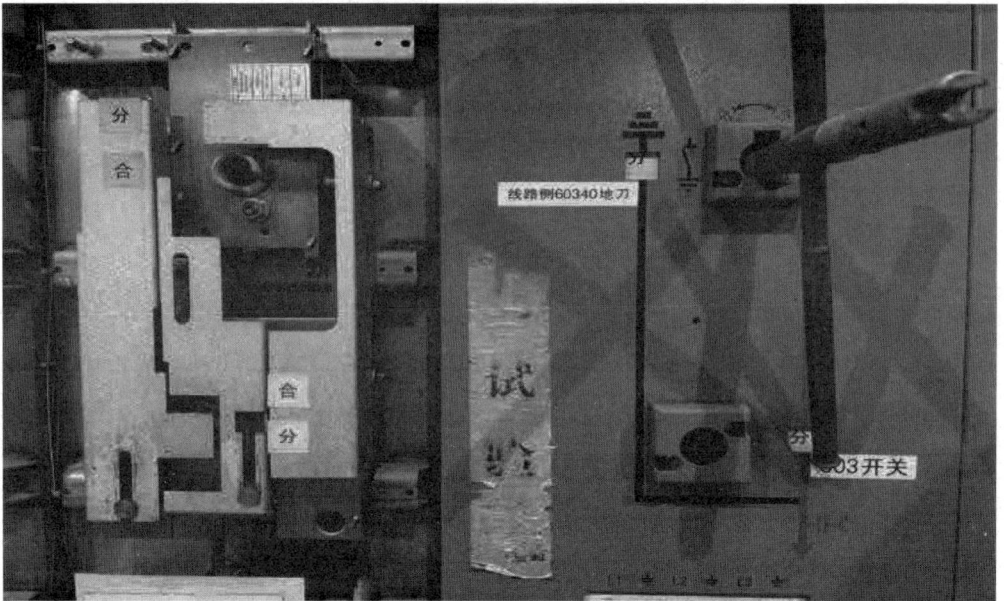

图 3-50　机构外观

（3）用砂轮机打开 603 间隔箱体后封板，C 相 SF6 灭弧室变黑，且 A、B 相灭弧室正常。箱内母线上附着大量短路时喷溅的金属离子粉末。

图 3-51　603 开箱图

图 3-52　603 间隔箱内母线

（4）检查 603 间隔 60340 接地刀闸状态，发现 60340 接地刀闸 A、B 相静触头严重烧损，C 相动、静触头无异常（如图 3-53）。A、B 相静触头已严重烧损，B相静触头对刀闸固定横梁存在明显放电痕迹（如图 3-54）。接刀闸三相动触头有明显卡阻划痕（如图 3-55）。

图 3-53　603 间隔箱内放电图

图 3-54　60340 接地刀闸静触头

图 3-55　60340 接地动触头

（三）故障原因分析

1. 初步分析

10kV 16 号公用箱 603 间隔长时间未运行操作，60340 接地刀闸机构和接地刀闸动触头可能存在卡阻，导致接地刀未完全拉开，在合 603 开关过程中造成带接地刀合闸送电。由于接地刀触动静触头之间距离不一，在带地刀合闸瞬间，开关 C 相触头先对地放电烧损，导致上一级开关跳闸。此时 C 相对地短路，导致 A、B 两相过电压，造成 B 相与柜体距离最短处和 A、B 相动静触头之间长时间放电，将 60340 接地刀闸 A、B 相动静触头烧损，引发上一级开关跳闸故障（与故障信号相吻合）。加之此时 A、B 两相发生拉弧短路，箱内漂浮大量导电金属离子，SF6 气体绝缘强度下降，此后上一级开关重合闸再向故障间隔（送电时便会导致开关及母线等带电部位与箱体等接地部位之间的放电并最终形成短路故障），这是第二次 10kV 黄沙 3 号公用箱 604 开关跳闸的原因。

2. 最终结论

综合以上分析，此次 10kV 16 号公用箱 603 间隔故障主要原因为 603 开关间隔投运后长时间未运行操作，机构卡阻导致 60340 接地刀闸分闸不到位，送电过程中引起 603 开关带地刀送电，短路电流引起接地刀闸动触头对柜体燃弧放电故障。

（四）故障防范措施

（1）对多年未操作的开关柜，在接入电缆前应进行开关和接地刀闸空载操作检查试验，检查面板开关、接地刀闸操作指标、到位声音是否正常，确保开关和接地闸分合闸到位。禁止强行操作。

（2）对同厂家、同类型环网柜，对新接入间隔，应停止一级开关对新间隔进行交接试验，检查新接入间隔的机械特性、绝缘电阻、回路电阻和交流耐压是否符合投运条件。

八、开关类设备典型故障 8：柱上真空断路器绝缘拉杆质量问题

（一）故障情况说明

1. 故障过程描述

2018 年—2019 年期间，广东电网某供电局发生多起柱上开关故障，且故障设备为同一厂家生产，型号为 ZW32-12/630-20，详细情况如表 3-2 所示。由于厂家采取直接将故障设备换新的解决方法，加上配网运维人员受技术水平的限制及考核压力的影响也未对设备故障的原因进行深入分析，致使该类设备问题最初并未得到重视，不同片区局反复发生同类故障。

表 3-2　近 3 年柱上开关故障统计

序号	发生时间	片区供电局	所属中压线路名称	故障情况描述	设备型号
1	2018/3/30	A 区局	110kV 某站 F33#18 塔 18T1 开关	单相接地故障，B 相绝缘套管故障	ZW32-12/T630-20

序号	发生时间	片区供电局	所属中压线路名称	故障情况描述	设备型号
2	2018/11/8	B 区局	#1 塔 1T1 开关	单相接地，B 相故障	ZW32-12/630-20
3	2019/10/8	C 区局	110kV 某站 10kV A 线 #10 塔 10T1 开关	开关因产品质量问题烧坏，导致线路跳闸	ZW32-12/630-20
4	2020/2/29	D 区局	10kV B 线 #16 塔 16T1 开关	B 相套管对地绝缘为 0，引起线路跳闸	ZW32-12/630-20
5	2020/3/9	E 区局	某站 F29 C Ⅱ 线主线 #4 塔 4T1 开关	柱上断路器在进行送电合闸操作时爆炸，导致故障发生	ZW32-12/630-20
6	2020/7/9	F 区局	D 线 69 塔	开关故障导致线路跳闸	ZW32-12/630-20

2020 年 3 月，配网又发生一起柱上开关故障，过程如下：2020 年 3 月 9 日 12 时 22 分，生产计划部综合班值班员电话报障："10kV F29 三宝Ⅱ线 729 开关保护动作跳闸，重合闸不成功。"生产计划部组织抢修人员分段排查，经抢修人员开展线路故障排查，恢复非故障段线路供电。主线 #4 塔 4T1 开关后段经抢修人员巡视无异常，合上 4T1 开关试送，4T1 开关本体故障，试送失败。

2. 故障设备基本情况

设备铭牌如图 3-54 所示：

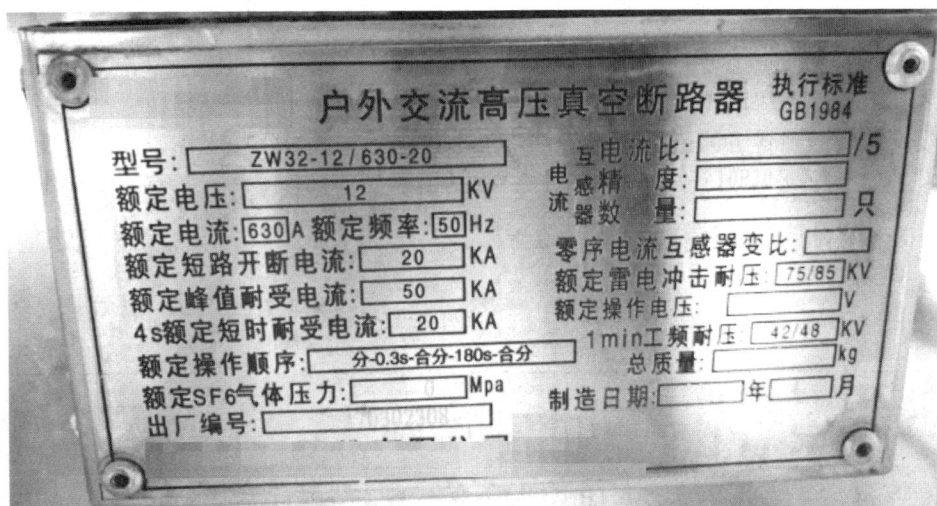

图 3-56　设备铭牌

10kV F29 三宝 II 线 #4 塔 4T1 自动化柱上断路器，运行时间 1 年。

（二）故障检查情况

1. 外观检查

对 II 线 #4 塔 4T1 开关进行外观检查，未发现缺陷痕迹，且表面没有发现可能影响绝缘的脏污。如图 3-57 所示：

图 3-57　故障开关外观

2. 试验情况

故障柱上断路器整体结构为三相极柱式，采用真空灭弧。该型号柱上开关的结构如图 3-58 所示：

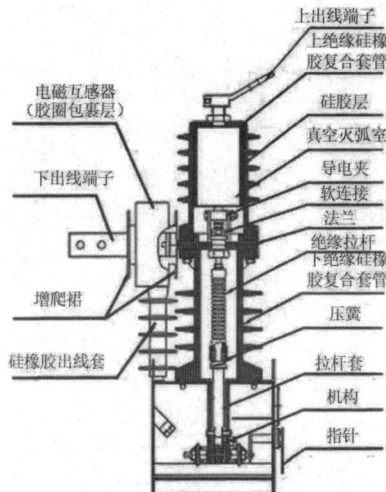

图 3-58　柱上开关结构图

柱上开关实物图如图 3-59 所示：

图 3-59　柱上开关实物图

对故障设备进行了绝缘电阻测试、耐压试验、回路电阻测试等故障后试验检查，试验结果如表 3-3 所示：

表 3-3　Ⅱ线柱上开关试验数据

试验项目	测量位置	A	B	C
绝缘 /MΩ	本体对地	40	0	40
	上出线端对地	100000	100000	100000
	下出线端对地	40	0	40
	断口间	100000	100000	100000
耐压	下出线端对地	三相一起 3kV 跳闸，只有 AC 相时可加压至 31kV		
回路电阻		数据合格，均在 50uΩ 以下		

根据表中数据可知，下出线端绝缘不符合要求，上出线端及真空灭弧室绝缘无问题。因此，初步怀疑故障的位置是在下出线端。

3. 解体情况

（1）拆开机构箱

移除设备外壳的盖子，检查盖子和密封带是否完整无损，是否出现老化或变形。设备外壳的底部和密封带都保持正常，内部结构没有发现损坏，继电器和二次接线看起来也没有问题。但是发现有水浸和潮湿的迹象，设备外壳的内侧以及一些金属部件出现了锈迹，如图 3-60 所示。因为故障的开关被移除后一直放置在户外，所以无法确定内部的潮湿现象是在发生故障之前就已经存在，还是故障后放置在潮湿的地面上引起的。

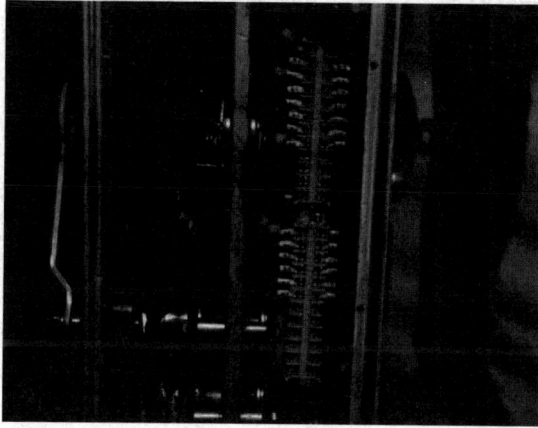

图 3-60　内部水锈

（2）拆除 CT

拆除 CT（电流互感器）的密封和固定组件，随后将 CT 取下。在外观检查中，CT 的外部绝缘层没有发现异常，同时，开关出线端的导电杆也没有观察到任何问题，这可以从图 3-61 中得到验证。

图 3-61　拆除 CT

（3）拆下真空泡

移除 A 和 B 相的真空断路器，对柱上的开关上部和下部的绝缘复合套管进行检查，没有发现任何异常。真空断路器与绝缘拉杆之间的金属连接部分也没有观察到任何问题，真空断路器的外观保持正常。

然而 B 相的连杆在绝缘部分出现了严重的烧损，而 A 相的连杆外观完好，没有放电的痕迹。这些情况可以通过查看图 3-62 和图 3-63 来进一步了解。

图 3-62　拆下的真空灭弧室（带绝缘拉杆）

图 3-63　B 相拉杆

（4）绝缘测试

在对 A 相和 B 相的绝缘拉杆进行绝缘电阻测试时，我们采用了图 3-64 所示的方法。测试结果显示，外观无损的 A 相绝缘拉杆的绝缘电阻值为 50MΩ，B 相的绝缘电阻值为0。这两个结果均未达到标准。

根据测试结果，我们可以初步判断，积成电子的柱上开关发生故障的主要原因在于开关的动触头与操作机构之间的绝缘拉杆绝缘性能不足。这种绝缘性能的不足可能导致在正常运行条件下发生接地故障。因此，为了确保设备的安全运行，需要对绝缘拉杆进行更换或修复，以恢复其应有的绝缘性能。

图 3-64　绝缘电阻测试

在进一步检查时对未出现烧损现象的 A 相绝缘拉杆表面的硅橡胶部分进行了切割，以便进行更深入的检查。即便在进行了这样的物理切割之后，通过肉眼观察，我们仍然未发现任何明显的异常情况。因此，目前还无法确切地指出绝缘性能不符合要求的具体原因。

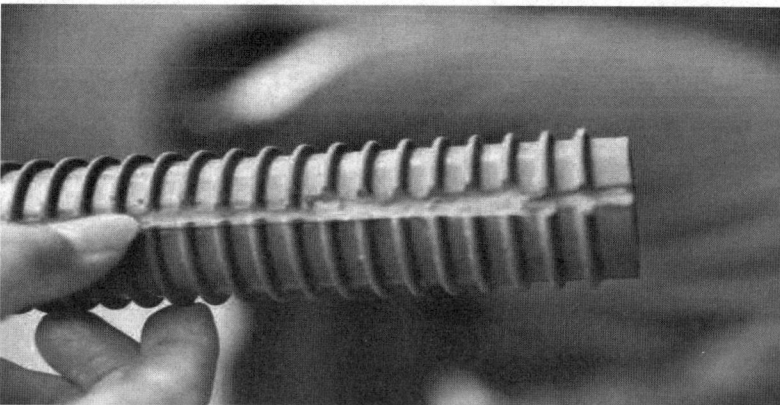

图 3-65　A 相绝缘拉杆

ZW32-12/630-20 型柱上开关的绝缘拉杆在设计上采用了硅橡胶材料，这种材料不仅具有良好的电气绝缘性能，而且通过其波纹状的结构设计，有效地增加了爬电距离，从而提高了设备的安全性和可靠性。此外，绝缘拉杆的芯棒使用了特种环氧树脂复合材料，这种材料具备高机械强度和绝缘强度，使得拉杆在承受较大机械负荷的同时，还能保持优异的电气绝缘特性。

（5）X光检测与解剖

为了深入探究绝缘拉杆失效的原因，试验人员对三宝Ⅱ线 #4 塔 4T1 柱上开关中未发生故障的两支绝缘拉杆进行了 X 光透视检测。通过这一检测手段，他们发现绝缘拉杆的内部存在明显的小空隙缺陷。这些缺陷可能对绝缘拉杆的性能产生了不利影响，具体情况如图 3-66。

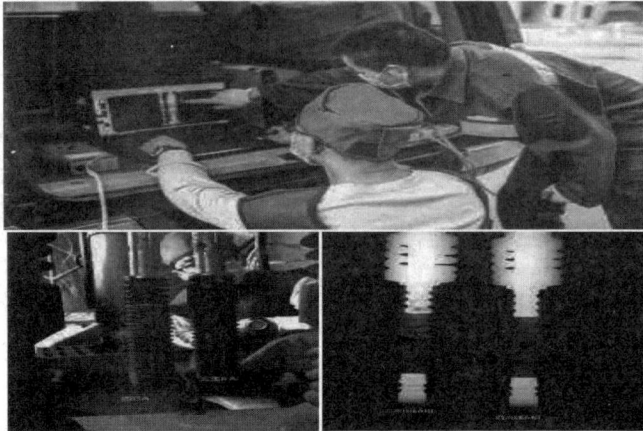

图 3-66　非故障相绝缘 X 光图

为了验证 X 光图结果，试验人员对绝缘拉杆进行解剖检查，发现两绝缘拉杆存在明显小空隙，与图 3-66 的 X 光图结果基本一致，详见图 3-67。

图 3-67　绝缘拉杆解剖图

对剖开的绝缘拉杆硅橡胶和环氧树脂复合材料分别测试绝缘电阻，三宝Ⅱ线开关拉杆硅橡胶测试结果为 100000MΩ，环氧树脂复合材料绝缘为 1200MΩ，如图 3-68

所示。测试结果表明，绝缘拉杆表面的硅橡胶部分绝缘未受损，符合要求。绝缘拉杆绝缘劣化的主要原因是内部的环氧树脂存在大量空隙。

图 3-68　拉杆的内外绝缘电阻

对已经烧损的三宝 II 线 B 相开关绝缘拉杆进行剖开检查，剖开实物如图 3-69 所示：

图 3-69　B 相开关绝缘拉杆

由图可清晰地看到，拉杆内部的绝缘同样存在大量气隙，绝缘已经被击穿烧熔，在高、低压两极之间形成明显的碳化通道。

（三）故障原因分析

(1) 开关的绝缘拉杆作为连接高压带电部分与低压箱体的机械传动部件，承担着在两者之间传递机械力的任务。由于其在电路中的位置，拉杆在工作时会承受相当大的电压差。当绝缘拉杆内部存在空隙时，这些空隙会破坏电场的均匀性，导致局部电场畸变。电场畸变会在空隙附近产生更强的电场强度，使得这些区域成为绝缘的薄弱点。在正常带电运行条件下，特别是在出现过电压（如雷击、操作过电压等）的情况下，这些薄弱点的绝缘强度可能不足以抵御高电压的影响，从而引发内部放电。

(2) 从图 3-67 和 3-69 的观察结果可以分析得出，绝缘拉杆内部的环氧树脂材料中存在一定数量的小空隙，这可能是在生产过程中质量控制不够严格所导致的。这些空隙的存在，使得绝缘材料的内部形成了绝缘弱点，这些弱点在电场的作用下尤其脆弱。绝缘拉杆不仅要承受电应力，还要承受机械应力，这使得其在强电场作用下更容易发生局部放电现象。局部放电通常起始于绝缘材料中的弱点，如空隙或裂缝处，随着时间的推移，局部放电会逐渐侵蚀绝缘材料，最终可能导致绝缘材料被击穿。

(3) 综合分析和检查结果，可以得出以下结论：近年来某公司所发生的 ZW32-12/630-20 型柱上开关故障是由于绝缘拉杆在制造工艺上控制不严格。在生产过程中，环氧树脂材料中形成了大量空隙，这些空隙的存在严重削弱了绝缘材料的绝缘强度，使得绝缘拉杆在面对长期带电运行或者线路出现过电压事件时，无法有效承受高电压的挑战。在强电场的作用下，这些空隙成为局部放电的起始点，随着时间的推移，局部放电会逐渐破坏绝缘材料，最终导致绝缘拉杆发生击穿。击穿后的绝缘拉杆无法再提供必要的绝缘保护，从而引发了对地放电故障，影响了电力系统的安全稳定运行。

（四）故障防范措施

(1) 配电网设备众多，一旦出现故障，将直接影响电网的供电可靠性。因此，在处理故障时，不应仅满足于更换设备，而是应进行深入的原因分析，并制定相应的预防和改进措施。这包括加强质量控制，进行定期维护，收集故障数据进行统计分析，采用新技术提升设备性能，建立快速的应急响应机制，与用户保持良好的沟通，并根据经验教训不断进行流程和操作的优化，以提升整个配电网的运行质量和供电稳定性。

(2) 加强设备质量管控，尤其是绝缘材料。避免由于材料的绝缘强度降低引发故障。

（3）为了提高故障分析的准确性和效率，引入和增加先进的检测手段是十分必要的。例如，X 光检测技术就是一种非常有用的无损检测方法，它能够在不破坏设备的情况下，对内部结构进行详细的透视检查，从而发现如空隙、裂缝、材料缺陷等问题。这种技术的应用在电力设备的故障诊断中尤其有价值，因为它可以帮助工作人员快速定位故障原因，减少停电时间，并避免更换完好部件所造成的资源浪费。

第四章 互感器类设备主要典型故障分析

一、电压互感器典型故障 1：断路器柜母线 PT 接线方式错误引起故障

（一）故障情况说明

1. 故障过程描述

（1）2019 年 8 月 5 日 13 时 46 分，市局配网调度电话反馈："110kV 某 A 站 10kVA 线（728）零序过流保护动作跳闸，重合闸失败。"要求派人巡查线路情况。

（2）14 时 00 分，巡查人员未发现线路有明显故障点。

（3）14 时 02 分，检修人员断开 10kV 某 A 电缆分接箱 601 开关，隔离 10kV A 线（728）上所有出线设备，申请跳闸线路试送电。

（4）14 时 08 分，110kV 某 A 站 10kV 线路（728）开关试送成功。

（5）14 时 15 分，检查发现 10kV 某 B 公用电缆分接箱 PT 柜爆炸，确认故障点。

（6）14 时 30 分，断开 10kV 某 A 公用电缆分接箱 603 开关隔离故障点，申请 10kV 接公用电缆分接箱 601 开关后段线路转由 110kV 某 B 站 10kV 线路（723）供电。

（7）15 时 15 分，受影响用户 10kV 住宅站公用箱变及住宅四站、五站配电房申请发电车保电，恢复非故障段线路正常运行方式。

（8）8 月 16 日，生技组织试研所、设备厂家对故障电缆分接箱进行解体分析。

2. 故障设备基本情况

（1）故障设备信息

故障电缆分接箱为"2017-2018 广东电网公司 10kV SF6 全绝缘断路器柜框架招标"中标供应商山东积成电子股份有限公司提供，柜体与中能电气股份有限公司联合制造，积成电子负责整体方案及自动化部分，中能电气负责一次部分（开关本体、操作机构、柜体、电缆附件等）及设备成套。本开关柜为 2017 年 10 月份厂家送检样机，内置大连北方互感器（三相五柱，简称 4PT），型号：三相零序一体型电压互感器 |JSZW12A-10NFR| 大连北方 |10/√3/0.1/√3/0.22/√3/0.1kV|3*30/3*300/100VA./5/3/3P 级 | 有熔管 | 配 1A 熔芯，PT 中性点配 LXQⅢI-10 型消谐器，由开关柜厂提供并安装，参数如表 4-1。

表 4-1　设备参数表

序号	项目		LXQIII-6型 LXQIII（D）-6	LXQIII-10型 LXQIII（D）-10	LXQIII-35型 LXQIII（D）-35
1	通过交流10mA（峰值/√2）时	电压(V)峰值/√2	480~600	800~1000	2100~2625
		电阻（kΩ）	>48	>80	>210
2	通过交流1mA（峰值/√2）时	电压(V)峰值/√2	170~210	280~350	840~1050
		电阻（kΩ）	>170	>280	>840
3	带(D)型的电阻器两端工频电压变化		在3kV（峰值/√2）下，电阻值减少一半以上	在3kV（峰值/√2）下电阻值减少一半以上	在5kV（峰值/√2）下电阻值减少一半以上
4	2小时耐受的功率（W）		>800	>800	>800
5	10min通过500mA（有效值）电流的热容量		1.无任何明显损坏 2.热容量试验前后，冷状态下，电气参数变化不大于±10%		

（2）故障设备结构及原理

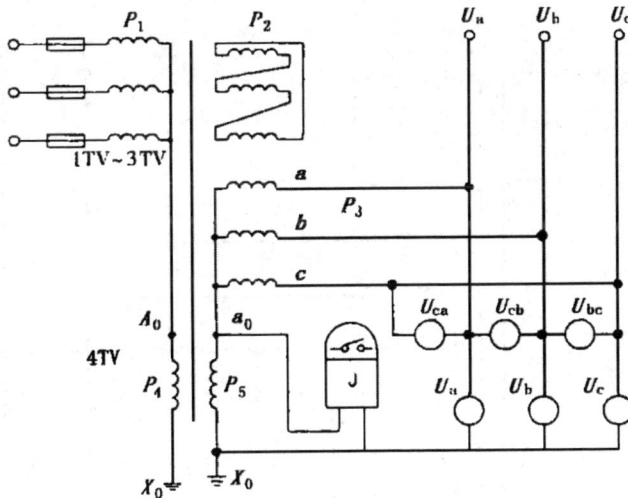

（a）一次侧接线图

135

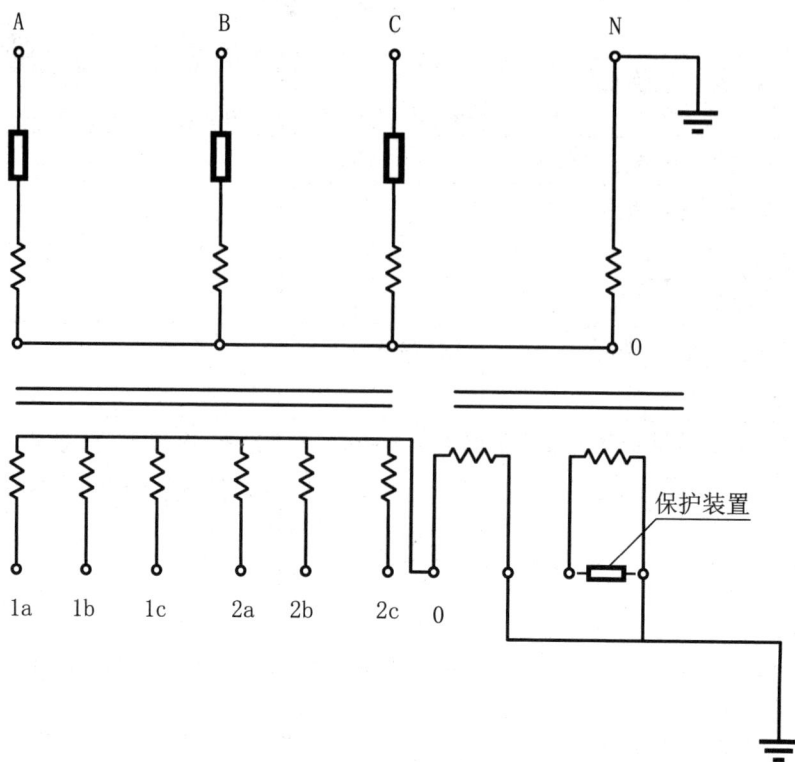

（b）二次侧接线图

图 4-1　大连北方 JSZW12A-10NFR 产品原理及一、二次接线图

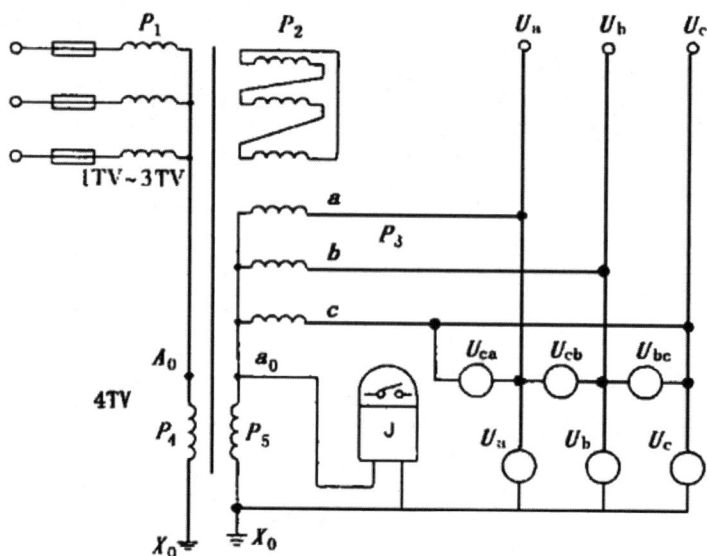

图 4-2　4PT 零序电压互感器原理图

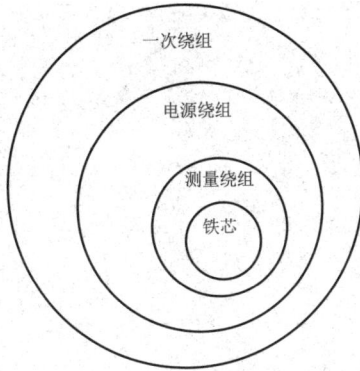

图 4-3　互感器绕组分布图

（二）故障检查情况

1. 一次检查情况

检查发现母线 PT 柜前柜门炸飞，母线 PT 本体炸裂，A、B 两相一次线圈外露，一次绕组与电源绕组击穿。一次消谐器外表完好（未进行试验）。PT 二次室烧毁严重，进线 PT 至公共侧单元柜的二次线烧毁严重；进线 PT、断路器柜、扩展母线、电缆等部件完好；保护测控单元可正常工作；所有 SF6 气箱压力正常、无变形、无泄漏。详见图 4-4。

（a）电缆分接箱整体烧损情况

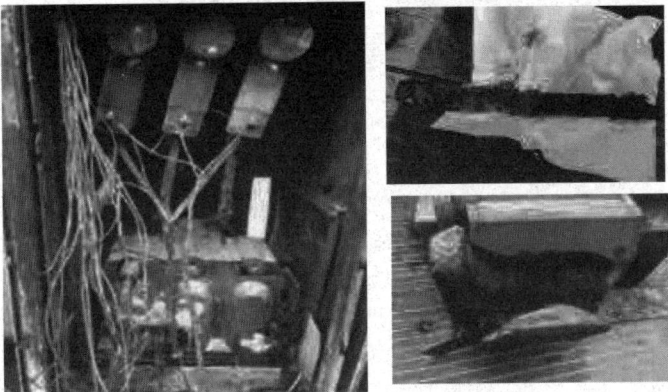

（b）进线 PT 柜烧损情况

（c）母线 PT 柜二次室烧损情况

（d）进线 PT 柜二次室烧损情况

图 4-4　一次检查情况

2. 二次检查情况

通过现场 601 控制器的事项记录，2019-08-05 13:43:45:929 线路出现零序电压 112.12V，表明线路出现了接地故障，具体事项情况见表 4-2。事项记录见图 4-5。

表 4-2　事项记录

事项名称：零序过压

事项动作：分 > 合

动作时间：2019-08-05 13:43:45:929

故障时遥测值	Ia:0.7400 Ib:0.7100 Ic:0.7100 I0:0.0000	Uab1:15.0200（母线母电压） Ucb1:5.8200（母线线电压） Uab2:62.4600（进线线电压） U0:112.1200（母线零序电压）

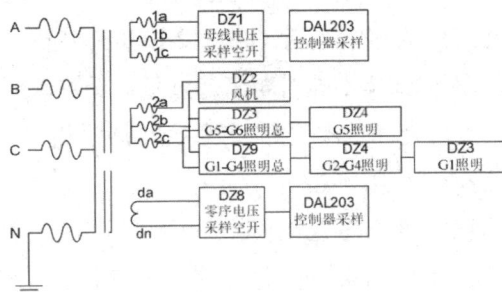

（a）互感器二次线路走向图

（b）故障后母线 PT 空开   （c）故障后进线 PT 柜空开

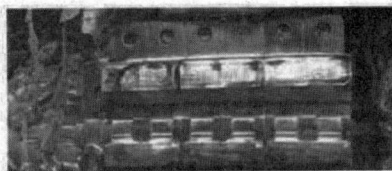

图 4-5 事项记录图

（三）故障原因分析

1. 初步分析

（1）PT 质量不过关或运行时间长、绝缘老化

电缆分接箱投运日期为 2019 年 7 月 15 日，母线 PT 投运前和出厂前均完成相关电气试验，性能良好，基本可以排除母线 PT 质量不过关或运行时间长、绝缘老化引起 PT 爆炸的可能性。

（2）PT 一次保险参数选择不当

PT 一次侧装有保险管，电流一般为 0.5A，当电流超过 0.5A 时，保险熔断，可以将电磁式电压互感器从系统切除，避免互感器一次绕组烧坏。对母线 PT 实际额定电压 10/√3/0.1 的电压互感器来说，额定电压下的励磁电流若为 0.3A，则换算到一次，电流约为 0.001A，远小于 0.5A，加上本次的 PT 配备 1A 保险。本次 PT 故障说明保险未熔断，原因可能是故障电流未超过 1A 或保险断开电流选择过大。

（3）4PT 接线方式本身存在问题

本次事件中爆炸 JSZW12A-10NFR 型电压互感器由大连北方互感器集团有限公司制造，是国网标准化设计的三相五柱电压互感器，运用 4PT 防铁磁谐振原理。4PT 接线方式虽然可能消除电磁式电压互感器引起的铁磁谐振过电压，也能解决单相接地时绝缘监视的灵敏度等问题，但由于 4PT 的主二次开口三角接电阻后短接（如

图4-2），当系统中出现单相断线、变压器空投母线、单相弧光接地（单相金属接地除）等系统扰动时，由此产生的零序电压（U0:112.1200）势必将在闭口三角中形成极大的环流，再加上选择1A的保险不能对4PT起过负荷保护作用。剩余绕组、一次绕组、铁芯的过度发热，最终可能导致本次PT环氧壳体爆裂热击穿事故。

（4）4PT一次消谐器配置不当

该型号互感器是积成电子首次选用到环网柜产品中，由于厂家对4PT原理不了解、生产运行经验不足以及内部沟通不到位等，厂家没有注意到该4PT的使用要求，错误地在一次绕组N端加装了一次消谐器（说明书已注明4PT不允许重复接入一次消谐装置及二次微型消谐装置，否则会烧毁PT等警告）。因为4PT设计考虑正常运行时，三相组合也会导致零序保护绕组产生悬浮电压，基本三相绕组产品的内部设计有平衡绕组，产品正常运行时零序绕组电压小于6V，而当使用时错误地在一次绕组N端加装一次消谐器时，消谐器相当于一个阻尼电阻，其阻值为80千欧，国内的10kV电网输电线路均不换位，系统三相电压并不总是平衡的，一般存在一定的不对称电压，此电压为零序性质，流过消谐器阻尼电阻，就会产生一个中性点悬浮电位。这个悬浮电位长期存在，一方面，会加速消谐器的老化，使消谐器的特性发生变化；另一方面，会不断冲击PT高压尾端绝缘，严重时将导致绝缘击穿事故。

所以产品在使用时，应严格遵循产品的接线要求，严防一次重复加装消谐装置及二次微型消谐装置，严防二次重复接地故障。

（5）二次小室线路烧毁分析

现场进线PT柜和母线PT柜二次小室烧毁，从线路烧毁情况和空开（母线PT柜和进线PT柜二次电源空开均处于跳开状态）最终的状态判断，应该是一次绕组和电源绕组之间绝缘击穿，一次电压通过二次电源线传导过来，引起二次小室内元件及线路烧毁。互感器最内层为铁芯，往外依次为测量绕组、电源绕组、一次绕组（图4-3）。

本次事件中所有与电源绕组（图4-5中2a、2b、2cAC220V回路）有关的线路、原件均烧毁严重，关联的空开都跳开了；而与测量绕组（图4-5中1a、1b、1c AC100V回路）有关的线路、设备、元件基本没有发现异常。由此可以推断一次绕组与电源绕组间发生了击穿，10kV线路上强大的能量瞬间将电源绕组外接的线路、原件（空开、继电器、照明灯等）烧毁并引发PT爆炸、设备起火；而测量回路没有出现一、二次击穿。G02的601保护测控单元处于该成套环网箱的电源进入点，与本次事故相关事项的记录包含了零序过压及失电等事项，但是并没有过流记录。保护测控单元内配置为常规保护，现场查看该保护单元运行正常、CT未见异常、信号线未损坏。所以，未触发过流保护事项的原因可能有三种：①事件发生时的数据没有达到定值条件；②变电站重合闸时，保护单元采集的数据满足涌流条件，从而不认为是短路故障；③故障发生瞬间装置的供电中断了（现场勘查：母线 PT 柜中的直流电源与蓄电池电源空开已跳开，且蓄电池电源空开一投就跳开）。可进一步对 G02 柜进行测试，以便发现其他可能情况。

2. 最终结论

综上所述，本次事件是由于厂家对 4PT 原理不了解、生产运行经验不足加上内部沟通不到位等，不清楚 4PT 使用要求和工作原理，一方面错误地在一次绕组 N 端加装了一次消谐器。当系统扰动产生零序电压和零序电流，零序电流流过消谐器阻尼电阻，会产生中性点悬浮电位。悬浮电位的长期存在，加速了消谐器的老化，消谐器的特性发生了变化。另外，也会不断冲击 PT 高压尾端绝缘，最终导致 PT 绝缘击穿事故。另一方面 4PT 接线方式本身存在先天缺陷，当系统中出现单相断线、变压器空投母线、单相弧光接地（单相金属接地除）等系统扰动时，在 4PT 闭口三角中形成极大的环流，导致运行中的电压互感器内部绕组发热、老化、绝缘受损，引起热击穿，最终导致烧毁电压互感器和二次小室的事件发生。

（四）故障防范措施

一是排查在运行的 SF6 断路器柜母线 PT 是否为 4PT 接线方式、是否中性点已安装一次消谐器，结合停电做好反措工作。

二是对供应商进行技术交底时，要求 SF6 断路器柜母线 PT 采用非 4PT。

三是在出厂验收、物资抽检、交接验收时，检查 SF6 断路器柜母线 PT 是否为 4PT 接线方式，及时要求厂家更换 PT。

二、电压互感器典型故障 2：SF6 全绝缘断路器柜自动化成套设备 PT 柜接线错误故障

（一）故障情况说明

2018 年 8 月 13 日，"某站某线路配网自动化改造工程"新装 10kV 公用电缆分接箱投运时出现 PT 柜电压互感器烧毁故障。

详细过程如下：

2018 年 8 月 7 日，施工单位对 10kVSF6 全绝缘断路器柜自动化成套设备（命名为：某公用电缆分接箱，出厂编号：011703125）严格按照自动化验收点表进行三遥仓库调试，每个间隔的遥信点、遥测、遥控都跟自动化主站进行电话调试，各

项调试内容正确无误。

2018 年 8 月 10 日，对公用电缆分接箱进行相关 10kV 试验，试验项目包括开关回路电阻，机械特性，绝缘电阻，耐压试验，电压互感器励磁特性，直流电阻，绝缘电阻，耐压试验，高压避雷器泄漏电流、电压，绝缘电阻等，共 13 项试验。

2018 年 8 月 13 日停电施工当天，在电缆终端头制作安装完毕后，对电缆进行振荡波及串联谐振试验，试验结果全部合格，且在送电前对断路器柜一、二次回路进行摇测绝缘及核相均合格（试验期间需把 PTTV2:1a、PTTV2:1b 端子解开）。试验人员试验完毕后把 PT 二次端子接回原始位置并检查正确，厂家技术人员对二次端子排查并确认无误后，我分局基建部项目负责人、配电部运行人员及现场监理人员对设备进行验收合格后，结束工作票并送电。送电后进行核相操作时，10kV 温塘大围 3 号公用电缆分接箱 #2PT 忽然发热冒烟，操作人员立即断开开关，并对 PT 柜电压互感器进行排查，经过检查暂未发现这次 PT 柜中电压互感器烧损的原因。

（二）故障检查情况

事发之后，现场厂家技术人员发现端子排上 PTTV2:2b 误接在 2UD:11 位置，致 PT 二次回路短路引起 PT 柜中电压互感器烧损，厂家技术人员擅自把错误接线 PTTV2:2b 改接到正确位置 2UD:12，导致在 8 月 15 日问题分析时，大家不能如实发现二次回路有问题，给分析问题原因带来误导。故障现场如图 4-6 所示：

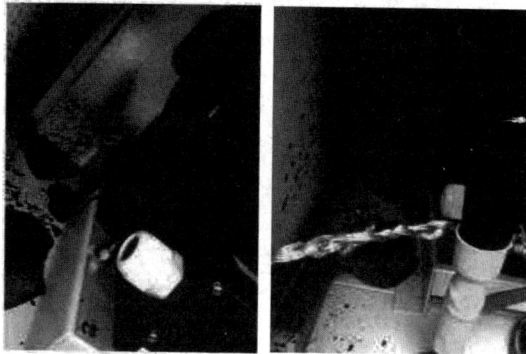

图 4-6　现场设备烧损情况

（三）故障原因分析

1. 厂家产品质量把控不严格

经分析，送电当天试验人员及厂家技术人员没检查出二次回路短接问题；查阅供货厂家提供的所有资料，分接箱出厂时电压互感器二次端子 PTTV2:2b 已错接到 2UD:11，送电后互感器二次侧短路，造成电压互感器发热烧损。

| （a）设备错误接线位置 | （b）正确接线方法 |

图 4-7　接线示意图

2. 自动化设备在仓库调试没有核对二次接线

设备投运前，厂家技术人员、施工人员、项目归口管理部门、运行管理部门均没有对二次线路进行试验或核对端子接线图，新投设备交接存在管理漏洞。

3. 事件反思

为防止以后同样的情况发生，涉及 10kVSF6 全绝缘断路器柜自动化成套设备的相关调试，在试验人员进行相关试验时，分局、厂家人员和监理人员需要到场进行监督，重点检查 PT 二次回路的正确与否，并由分局、监理、试验、厂家人员确认无误后再对设备进行送电。

（四）故障防范措施

（1）要求北京合纵科技股份有限公司对城区供电分局供货的所有自动化设备进行全面排查，拍照存底，书面提交检查报告，并于两周内整改完毕。

（2）要求北京合纵科技股份有限公司立即开展对故障分支箱的修复工作，待分接箱更换 PT 后，我分局将委托第三方试验单位（恒安）对设备进行重新试验，评估原来试验报告的科学性。

（3）项目归口管理部门组织目前供货量较大的厂家对分局项目管理人员、配电运维人员、自动化班人员针对自动化设备 PT 二次回路接线、快速判断、注意事项等内容进行培训学习，使之熟悉自动化设备的运行原理。

（4）自动化班修编作业指导书，明确仓库调试增加端子核对内容。

（5）设备投运前，项目归口管理部门编制新投设备启动方案，组织厂家技术人员、施工人员、项目管理人员、运行管理人员将一次设备、二次线路等相关实验和核对作为交接实验内容纳入启动方案中。

（6）要求厂家出厂前对设备进行试运行，并出具报告。

第五章 电缆附件类设备主要典型故障分析

第一节 电缆终端头典型故障分析案例

一、电缆终端头典型故障1：电缆终端头施工工艺不良

（一）故障情况说明

1. 故障过程描述

2019年9月，广东电网某供电局配网发生一起10kV电缆分接箱故障停电事件。根据运行方式查看故障位置，如图5-1所示：

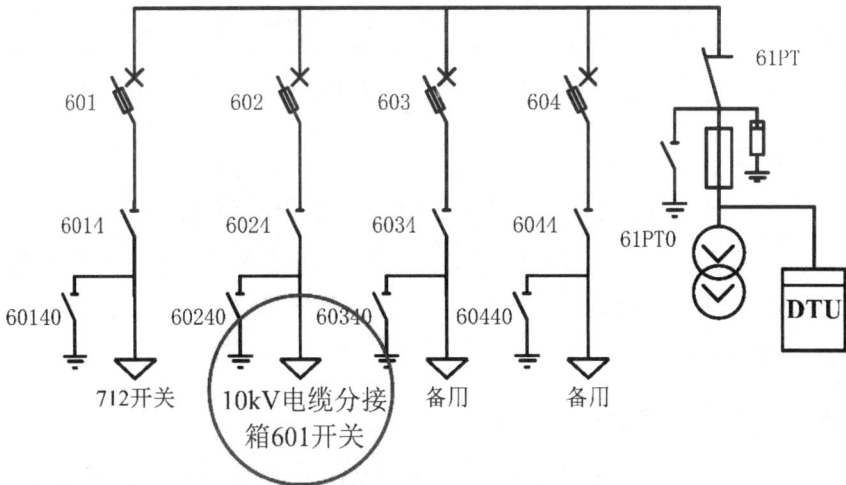

图 5-1 故障位置

2. 故障设备基本情况

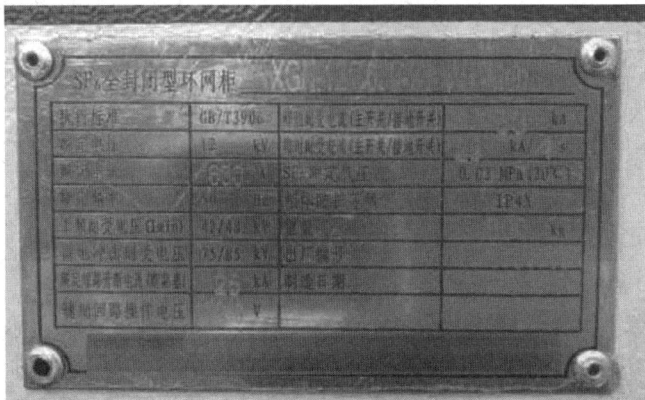

图 5-2 全封闭型环网柜

144

（二）故障检查情况

1. 外观检查

在停电后进行的外观检查中，开关柜表面未发现明显的烧蚀痕迹或孔洞。同时，硫化表的气压显示正常，这表明开关气室内部没有发生故障。然而，在开关柜的电缆室部分，柜面上的测温孔处有轻微的熏黑现象，这意味着电缆插头可能存在烧毁的问题。这种熏黑通常是电气故障导致的局部过热或电弧放电造成的，如图 5-3 所示：

图 5-3   电缆分接箱外观

2. 解体检查

（1）在对开关柜电缆室进行深入检查时，开启盖板后观察到室内有明显的熏黑迹象。尽管 A 相和 B 相电缆的外护套未显示异常，C 相电缆的 T 型接头和外绝缘却严重烧损，原本用于密封的封帽和绝缘塞已经脱落于主柜底，导致电缆头的连接部件如螺栓和螺母因此暴露。特别是 C 相的绝缘塞内部出现明显的灼烧痕迹，其内部金属部分甚至已经熔化，相关情况可通过图 5-4 和图 5-5 获得详细视图。

图 5-4   三相电缆终端头外观

图 5-5 A、B、C 相绝缘塞内部对比图

（2）在对连接螺杆进行检查并尝试取下之前，首先使用扳手对其进行正向旋转的测试，以评估螺杆的紧固状态。在此过程中，C 相的螺杆需要旋转 5 周才能达到拧紧状态，B 相的螺杆旋转 3 至 4 周拧紧，而 A 相仅旋转 1 周就已经拧紧。这一检查揭示了螺杆存在拧紧不足的问题。进一步观察发现，C 相的螺杆与套管接触面有明显的过热烧蚀迹象，这一现象在图 5-6 中有所展示。

图 5-6 C 相螺杆

（3）在对 C 相插头进行拆卸的过程中，插头异常容易地被移除。随后的检查揭示了 C 相电缆的绝缘层与冷缩管均已被烧熔，致使电缆芯裸露。电缆芯本身出现了扭曲现象，并且其半导体层与主绝缘导线的连接处部分线芯已烧断。此外，线耳区域有因发热而变色的迹象，孔内留有打磨痕迹。应力锥部分烧熔了 3 厘米，其烧毁位置与电缆芯的断裂处一致，相关细节可参考图 5-7 和图 5-8：

图 5-7　C 相电缆终端

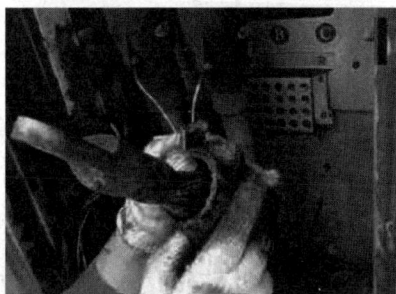

图 5-8　C 相应力锥烧损位置

　　C 相电缆头的绝缘区域仅有与半导体层相邻的一小块残留部分，这导致无法准确判断在制作过程中所预留的长度是否充分，以及绝缘末端的倒角处理是否达到了所需的标准。

　　（4）鉴于 C 相电缆插头烧损严重，以至于无法直接判断其制作工艺是否满足制造商的规范要求，因此，通过检查 A 相和 B 相电缆插头的制作工艺来进行推断是合理的。在对 A 相和 B 相的应力管以及 B 相的定位条剖开检查后，发现了若干问题：接线端子的压接操作不符合规定的工艺标准，并且存在毛刺；半导电带的定位制作过程也不符合制造商的要求，保留的铜屏蔽长度不足 10mm，且导角的制作角度过大，不符合 2*45°，如图 5-9、图 5-10。

图 5-9　B 相接线端子放大图

图 5-10　B相过渡图处放大图

（三）故障原因分析

1. 直接原因

（1）连接螺杆安装不到位：在对电缆进行拆除操作期间，通过扳手对连接螺杆进行正向旋转以测试其紧固状态，发现需连续旋转4至5周螺杆方能达到紧固，这一现象表明连接螺杆在初始安装时未能正确拧紧。同时，观察到螺杆与套管接触面有明显的过热和烧蚀痕迹。这些迹象联合指向了一个关键问题：在安装过程中，螺杆未被充分拧紧至规定扭矩，导致接线耳与套管端面之间留有较大间隙。这种间隙使得螺杆与套管间的接触电阻异常增大，在持续电流作用下产生额外热量，长期发热最终导致了绝缘塞的金属部分熔化、绝缘塞脱落，以及电缆绝缘层和应力管局部烧毁。

（2）电缆长度预留不当：在对C相电缆进行检查过程中，发现线耳和套管接触面出现了严重的过热现象。这一问题的根源在于施工人员在制作电缆头时，三相线芯的预留长度处理不当。由于在施工时将三相线芯长度预留得基本一致，当中间相（B相）安装得当时，A相和C相的线芯长度就会显得过长。特别是C相，由于长度过长，在与套管压接时，线耳和套管之间形成了一定的夹角，导致两者接触不良，从而引起发热问题。长期的过热最终导致了接头烧穿。

（3）应力管安装位置不当：在对B相半导电层过渡部分的检查中，发现铜屏蔽切断位置不当，预留长度不足，这与图5-10所示情况一致。结合C相电缆芯线的断裂位置和应力管的烧熔现象，可以推断应力管的安装位置存在问题。由于应力管未能与铜屏蔽和半导体层形成有效的搭接，其分散电场应力的功能受到了影响，导致电场应力在界面处集中，可能引发局部放电。这种放电会加速绝缘层的老化，最终导致绝缘击穿。此外，之前提到的接触不良和线芯长度不当而出现的发热问题，进一步加剧了C相电缆终端头的烧毁故障。

2. 根本原因

此次故障的发生可以归因于施工工艺的不足。电缆附件的施工工艺要求较高，但由于安装人员技术水平不一致，电缆附件的安装质量存在差异，从而使电缆附件成为中压电缆系统中的薄弱环节。根据现场情况分析，安装人员受技术水平限制导致的连接管压接不规范、打磨作业不到位、存在局部尖角和毛刺等缺陷，是引起附件绝缘性能下降并最终击穿的主要原因。除此之外，施工过程中的粗暴操作造成的主绝缘损伤、应力锥安装不当以及电缆剥切尺寸不准确等问题，同样会对电缆附件的安装质量产生不利影响。

（四）故障防范措施

（1）为保障中压电缆系统的稳定性和安全性，必须对负责电缆附件制作与试验的人员执行严格的专业培训、技能评估、资格认证及登记管理制度。所有作业人员在参与电缆头或中间头的制作前，需经过专业培训并通过相应的理论和实操考核，确保其完全掌握必要的工艺要求和安全操作规程。

（2）提升电缆附件的制作质量和施工工艺的精细度，对整个工艺流程进行细致的梳理和优化，并确定明确的施工制作标准，以实现对施工质量的有效管控。

（3）完善电缆附件制作、试验实名制及责任追究机制，并将相关信息录入生产系统，确保电缆施工质量的可追溯性，必要时追究施工单位和制作人的责任。

（4）在交接验收阶段实施全过程的旁站监督，确保施工质量符合标准。特别是在关键施工环节，如电缆终端和中间接头的制作，应加大监督检查的力度，以识别和预防潜在的安装缺陷。此外，通过开展高压电缆的振荡波局部放电检测试验，对可能存在的潜伏性缺陷进行深入排查，从而提高电缆系统的可靠性和安全性。

（5）提高对负责监督电缆及其附件制作过程的旁站监督人员的专业培训力度，提高这些监督人员的专业技能和监督技巧。

（6）为了增强旁站监督的实效性，考虑到基层作业人员专业技能的差异，特别制定了一套图文并茂、易于理解的验收指南，旨在提高地区局旁站监督工作的可执行性和操作性，确保施工监督既直观又高效。

（7）利用红外热成像等在线监测技术，可以迅速识别电缆终端头的早期过热缺陷，防止其进一步恶化导致设备损坏和停电事故的发生。

二、电缆终端头典型故障 2：老化造成热缩电缆终端故障

（一）故障情况说明

故障过程描述

2014 年 4 月 10 日 18 时 45 分，某变电站 263 路电流速断保护突然动作并跳闸，导致供电系统中断。

（二）故障检查情况

1. 外观检查

故障后，停电进行外观检查，站内 3 号接地变压器 10kV 电缆终端三相分叉处 B 相发生运行击穿现象，故障现场照片如图 5-11 所示。B 相绝缘外护套出现开裂情况，同时三相电缆终端呈现半圆弯曲状态。故障点位于电缆终端的击穿位置，如图 5-12 所示。

图 5-11　故障接地变压器现场情况

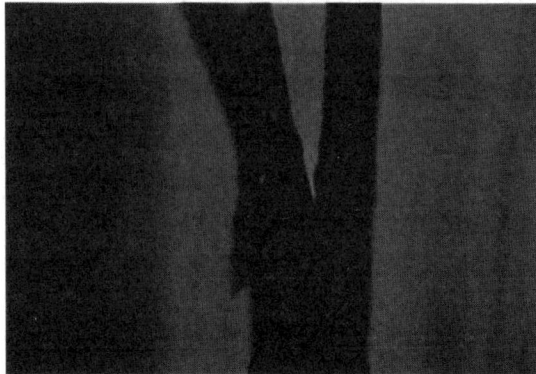

图 5-12　故障电缆终端击穿点

2. 解体检查

经解体检查发现，B 相电缆终端有击穿孔洞，其他两相外观良好，如图 5-13 所示。剖开 A 相电缆终端热缩套管，与 B 相对比发现 B 相故障点位于半导电层断口部位，如图 5-14 所示。在剥开三电缆终端热缩套管过程中，可以轻易将热缩套管与电缆主绝缘进行分离，可知应力管与电缆绝缘之间黏结已不紧密，交界面间存在气隙。

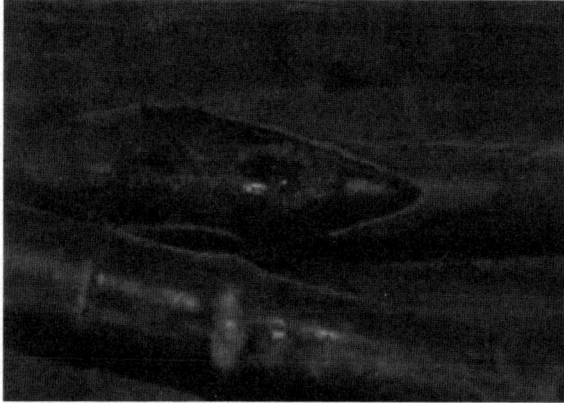

图 5-13　B 相电缆终端有击穿孔洞

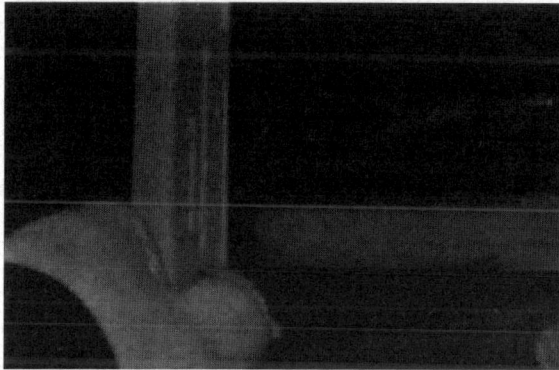

图 5-14　B 相故障电缆终端击穿点位置

（三）故障原因分析

（1）由于 B 相电缆终端故障受损情况较为严重，通过对非故障 A、C 两相电缆终端的安装工艺检查，排除安装工艺质量问题导致 B 相电缆终端发生故障的可能性。

（2）热缩结构的电缆终端属于早期电缆终端结构类型。由于该结构存在复合界面较多以及安装工艺复杂的问题，长期使用后很难保证其与电缆绝缘表面可靠黏结等因素。因此，在近几年中，该结构的电缆应用较为少见。

（3）该故障电缆终端已运行 10 年，在解体过程中发现电缆终端热缩套管可以轻易从电缆绝缘上进行分离，表明两者之间黏结已不紧密，交界面处难免存在气隙。

由于热缩型电缆终端与电缆绝缘表面之间交界面的绝缘强度与两者之间的抱紧力成正比，所以在此种情况下将大大降低界面的绝缘强度，从而在电场较为集中的半导电屏蔽断口处发生击穿。

（四）故障防范措施

（1）建议新投运的 10kV 电缆终端宜采用预制冷缩终端。

（2）建议在电缆终端头空间允许的情况下，尽量减小类似电缆终端的弯曲程度，避免因长期受力导致绝缘问题的发生。

三、电缆终端头典型故障 3：电场控制不良造成热缩型电缆终端故障

（一）故障情况说明

故障过程描述

2015 年 4 月 17 日 12 时 50 分，某变电站 10kV 223 路电流速断动作跳闸重合不成功，试送电不成功。经查发现 10kV 223 路开关柜内 10kV 电缆终端头 B 相发生击穿故障。根据 10kV 223 路开关柜现场情况显示，开关柜内已严重烧黑，经检查，柜内无明显受潮痕迹，C 相旁边的柜壁存在放电痕迹。

（二）故障检查情况

1. 外观检查

对故障电缆终端进行外观检查，B 相故障终端存在明显放电击穿点，通过击穿孔洞可见电缆铜芯，B 相电缆终端的热缩套管根部存在破损情况，如图 5-15 所示。

图 5-15　B 相故障终端故障击穿点

2. 解体检查

剥离故障电缆终端三相外护套故障相电缆终端的放电击穿孔清晰可见，其铜屏蔽层存在明显放电烧熔痕迹，如图 5-16 所示。对应图中圆圈标记处可确定放电点位于电缆半导电层断口处，此处为电缆运行时的场强集中点。该电缆终端半导电屏蔽层及外护套属于热缩式制作工艺，电缆本体的铜屏蔽剥离处与半导电层剥离处距离约 2cm。从解体过程来看，外护套内部无受潮现象，电缆终端头的制作工艺无明显异常，电缆主绝缘无划痕。

图 5-16　故障电缆终端放电击穿点

（三）故障原因分析

（1）故障电缆终端属于热缩式制作工艺，从解体过程来看，外护套内部无受潮现象，电缆头的制作工艺无明显异常，电缆主绝缘无划痕。

（2）解体过程中对热缩式半导电屏蔽层进行检查后发现，其经过长时间运行后已明显变硬、丧失弹性。

（3）将外护套完全剥离后可见电缆主绝缘存在明显色差，其原因可能为失去弹性的热缩式半导电屏蔽层与电缆出现空隙，其均匀电场的作用下降，致使电缆主绝缘在半导电层断口处开始发生放电现象。

（4）故障相电缆终端的放电穿孔处位于电缆半导电层断口，此处在电缆运行时处于场强较为集中的薄弱点，在长时间运行后发生径向放电并对铜屏蔽放电，最终击穿电缆外护套。

（四）故障防范措施

对同工艺同批次电缆终端进行试验检查，提前查找并评估可能存在故障风险的电缆终端。

第二节 电缆中间头典型故障分析案例

一、电缆中间头典型故障 1：冷缩管施工工艺不良

（一）故障情况说明

1. 故障过程描述

2019 年 11 月 28 日 18 时 50 分。110kV 某变电站 F4 连上 10kV 某线站内保护动作跳闸，重合闸不成功，检查发现该线路 10kV 某公用电缆分接箱 603 开关至 10kV 该线路 #48 塔 48T02 刀闸段电缆中间头烧坏。

2. 故障设备基本情况

验收班组	施工单位	电缆型号	厂家	投运日期
/	/	3*300	/	2015-9-1

（二）故障检查情况

（1）故障后，外观检查发现，故障中间头表面存在明显的烧穿孔洞，如图 5-17 所示。电缆沟有积水，如图 5-18 所示。

图 5-17　故障电缆中间头外观图

图 5-18　电缆中间头修复现场图

（2）区局已将两相完全解剖开，只有一相还有冷缩中接头。从已剖开的两相芯线图片来看，发现最上侧一相主绝缘表面存在明显的爬电现象，且存在电树枝痕迹，半导电层位置已烧穿，无法分辨半导电层剥离是否整齐。最下侧一相半导电层剥离不整齐，且没有进行倒角处理。两相导体连接管未见缠绕半导电带，连接管与绝缘芯端部有大量黄色硅脂，且连接管两端间隙长度不一，绝缘芯端倒角表面不平整，两相连接管压接有 6 个压痕且有锐角和毛刺。如图 5-19、图 5-20 所示。

图 5-19　已解剖好的两相主绝缘层外观图

图 5-20 已解剖好的两相主绝缘层外观放大图

（3）检查第三相冷缩接头两端的密封，密封胶长度大于 20mm，防水带与密封胶包到铜屏蔽上层，防水带未完全包住冷缩接头，防水带总长不到 90mm，如图 5-21 所示。

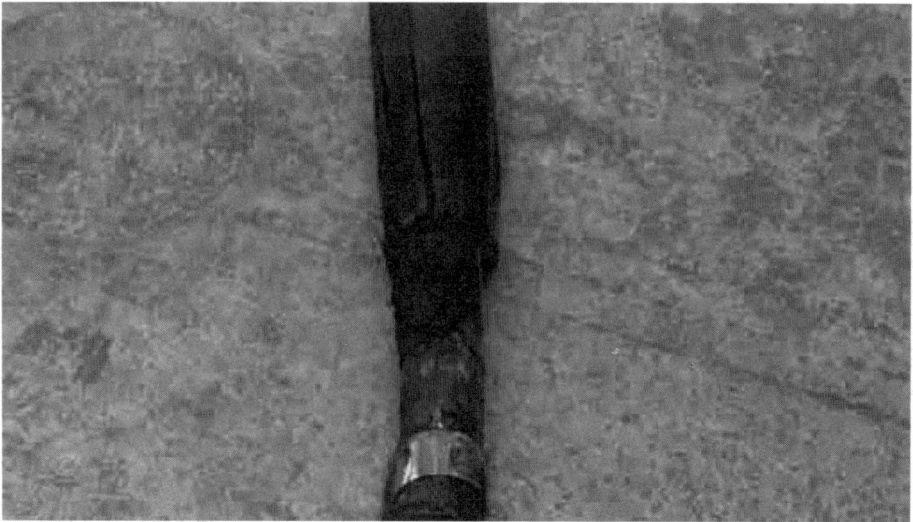

图 5-21 最后一相冷缩管防水处理外观图

（4）接着剖开最后一相冷缩接头，发现未击穿一侧的主绝缘表面存在明显的爬电树枝痕迹，另一侧已烧蚀；半导电层剥离不整齐且未制作倒角和打磨处理。与其他两相一样导体连接管未见缠绕半导电带，连接管与绝缘芯端部同样有大量黄色硅脂，且连接管两端与绝缘层之间长度不一。冷缩管内腔中间处有大量横向黄色硅脂，一侧有炭化、烧蚀及漏电痕迹。如图 5-22、5-23、5-24 所示。

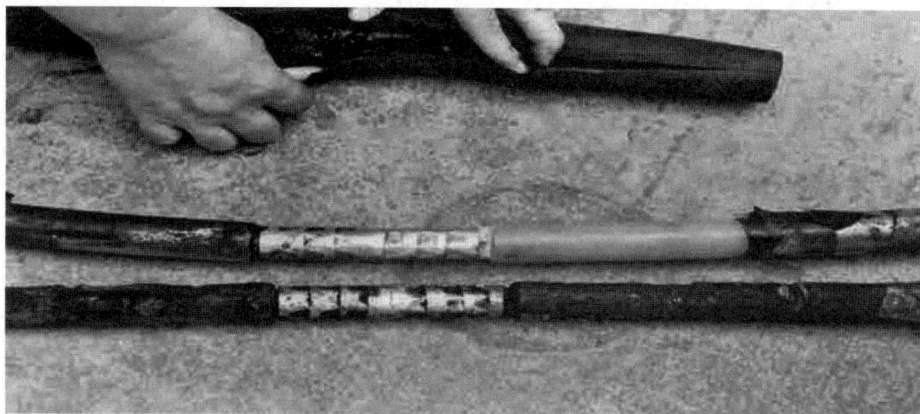

图 5-22　最后一相与前一相对比外观图

图 5-23　最后一相与前一相对比外观放大图

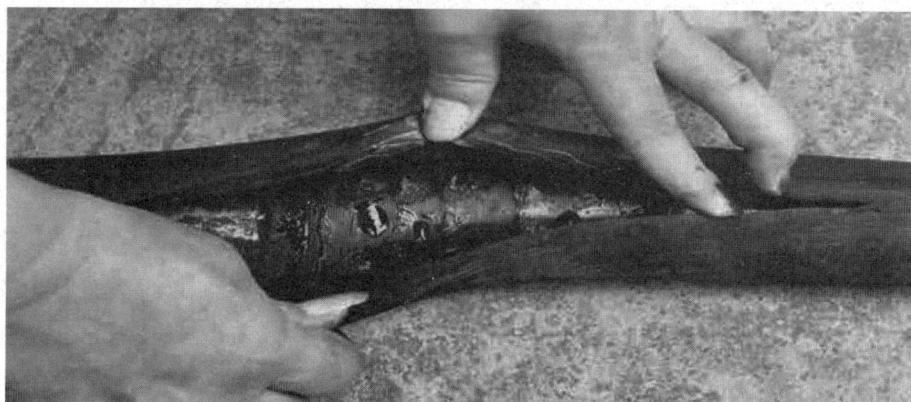

图 5-24　第三相冷缩管内腔放大图

（5）利用 X 光机检查第三相冷缩管与中心线的相对位置，发现冷缩管与中心线偏移，冷缩管中心向右偏移，如图 5-25 所示。（其他两相冷缩管已解剖且不在现场，未进行检测）

图 5-25　最后一相冷缩管中心线检查 X 光图

（三）故障原因分析

1. 初步分析

从图片 5-23、5-24 来看，故障相烧蚀严重，已经无法准确推断发生短路故障的原因，但固体绝缘发生界面放电的根本原因是电场应力集中。从与正常一相对比可以看出，故障相烧穿口在半绝缘层位置。从未击穿一相的放电树可以看出，故障相接头主绝缘表面烧穿口并不一定是放电的起始点。相反，外侧应力与主绝缘交界处很可能是本次故障的放电起始点，而表面烧穿口是界面爬电现象发展到贯穿主绝缘表面时，短路电弧以最短路径击穿主绝缘本体绝缘时强大短路电流烧蚀所致。根据对故障电缆头三相解体情况的分析，认为导致该冷缩式电缆中间接头击穿的原因可能有以下几个方面：

（1）冷缩管中间标线应与压接管中心线保持一致才能使得两侧应力锥达到均匀主绝缘表面电场的目的。故障相冷缩管中间标线与压接管中心线出现偏差，将造成应力锥与半导电层一侧搭接过多，一侧搭接过少，从而导致过少一侧局部电场应力加剧，应力锥未起到均匀电场的作用。应力集中导致长时间出现局部放电，最终导致中间接头故障。

（2）主绝缘表面及半导电层（断口应用刀片制作 30 度倒角）与主绝缘过渡区应均匀涂抹硅脂，一是在安装冷缩管时起润滑作用，二是可填充半导电层与主绝缘过渡区台阶气隙。若硅脂涂抹不均匀或漏涂，电缆运行一段时间后硅脂干涸，主绝缘与冷缩管之间的界面将产生气隙，导致局部电场加剧，最终也是导致中间接头故障的原因之一。

（3）半导电层剥离不齐，压接管有棱角且未包半导电带，造成电场局部集中，产生尖端放电或局部放电，也是导致此次中间接头故障的原因之一。

（4）电缆中间头长期处于水浸和在潮湿的环境中运行，当防水带和绝缘橡胶之间相容性较差，两者之间不能有效黏合时，两者之间存在空隙，导致冷缩管两端密封不良而使内腔出现水珠，也是导致此次中间接头故障原因之一。冷缩管收缩力是否不足未做进一步验证。

2. 最终结论

综上所述，造成此次故障的原因是：施工工艺不良。具体表现为冷缩管两端密封不良导致内部受潮，产生泄漏电流。半导电层剥离不整齐且无倒角，连接管压接工艺差且未包半导电带，产生尖端放电。冷缩管标线与连接管中心线错位，电缆的轴向电场剧变产生局部放电，长时间局部放电最终导致中间头击穿。电缆运行环境恶劣，也影响电缆正常运行的因素之一。

（四）故障防范措施

（1）施工单位应加强对电缆头制作人员的技能培训，经考试合格后方可持证上岗，严禁无证人员制作电缆头。局、区局安监人员及区局验收人员应将持证上岗纳入督查和验收范围。

（2）电缆头的制作应严格按照中国南方电网公司《电气装置安装工程电缆线路施工及验收规范送变电工程施工工艺应用手册》第4部分及电缆附件厂家提供的安装说明书等，以确保电缆头的制作质量和工艺水平。注意事项：冷缩接头的自由安装尺寸较小，应注意安装尺寸的准确，尽量减小安装误差。在安装前，应核对预制件和电缆绝缘外径的配合是否符合生产厂商的要求。电缆剥切尺寸必须严格按照厂家提供的安装说明书进行，确保电缆金属屏蔽层、半导电层、绝缘层施工剥切尺寸正确，连接管压接后要用锉刀或砂纸打磨光滑，清除金属屑末，用清洁布擦净电缆绝缘表面、半导电层表面及连接管表面。

（3）加强电缆头制作现场环境管理。电缆头的制作须在晴天、干燥的情况下进行，制作现场应清洁、无尘。制作完成的电缆头外观应整洁美观，安装工序完成后，在30分钟内不得移动电缆，并经试验合格后方可挂网运行。

（4）建立实行实名制管理及质量跟踪体系。电缆头制作人签订《电缆头制作

《质量承诺书》，制作过程要拍照取证并形成电缆头制作过程资料，电缆头或中间头悬挂有施工单位、实际制作人员、制作日期及天气等相关制作信息的电缆牌，同时将以上信息录入南网生产系统，确保电缆头施工质量的可追溯性。

（5）编写简单的图文验收手册，并安排熟悉电缆中间头制作方法的人员采取全程旁站验收方法。

（6）加强配电网电缆运行的维护管理，明确巡视项目和标准，发现问题及时处理。

（7）加强故障分析，编制电缆中间头解体步骤手册，做到一故障一分析，查找生产故障的具体原因并制定整改措施。并对同施工队、同批次的电缆开展电缆振荡波局部放电测试普查，发现问题及时停电处理。

（8）每年编写电缆及其附件运行分析报告和考核通报机制，促使施工单位、厂家提升施工和产品质量，同时方便区局进行监督。

二、电缆中间头典型故障 2：电缆中间头制作工艺不良

（一）故障情况说明

1. 故障过程描述

2021 年 1 月 1 日 14 时 31 分，110kV 某站 10kV 某线路保护动作跳闸，重合闸不成功。运维人员对该线路 10kV 公用电缆分接箱 602 开关后段线路进行巡视，14 时 50 分发现该线路 10kV 某公用电缆分接箱 602 开关至某公司 II 期配电房 601 开关段电缆中间头故障。

当天天气：多云、天晴；气温：6-14℃；湿度：60%；风力：微风 2 级。

2. 故障设备基本情况

（1）设备基本信息

运维班组	施工单位	电缆型号	厂家	投运日期
/	/	SWZJ10-3*150	/	2015-06-18

（2）设备基本运维情况

跳闸线路：运维人员在 2021 年 1 月 2 日对 110kV 某站 10kV 该线路进行巡视、红外测温及局放测试，未发现其他安全隐患和缺陷问题。

故障设备：110kV 某站 10kV 线路 10kV 公用电缆分接箱 602 开关至某公司 II

期配电房 601 开关 10kV 电缆中间头 2015 年 6 月新建投运，投运后运维班巡视未发现问题。

（二）故障检查情况

（1）故障后，检查电缆中间头外观，故障电缆中间头表面存在明显烧穿孔洞，如图 5-26、5-27 所示。

图 5-26　故障电缆头绝缘击穿位置

图 5-27　故障电缆中间头外观及运行环境图

（2）切开三相冷缩中间接头，表面无明显击穿点，如图 5-28。

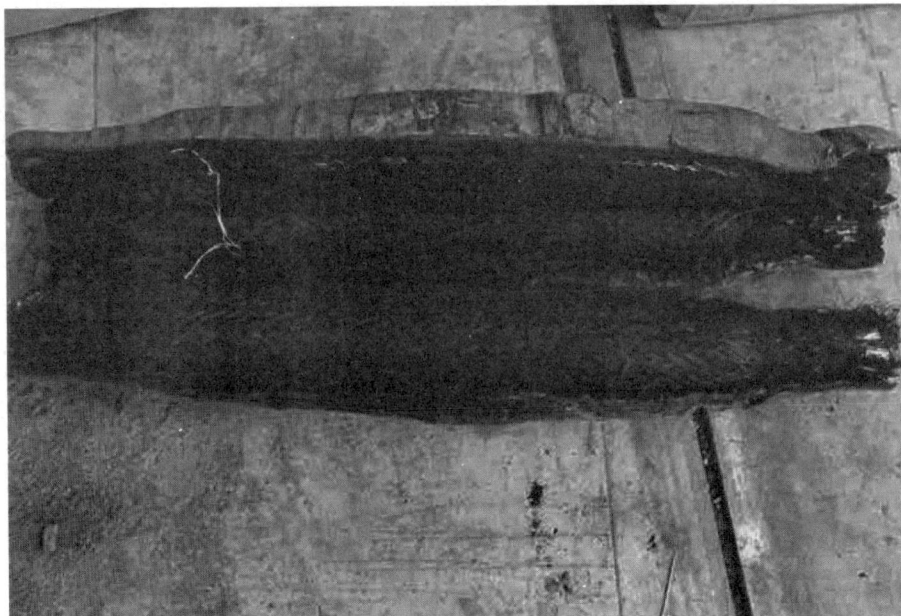

图 5-28　三相冷缩中间接头

（3）清除中间头铜编织网，其中一相冷缩管（图 5-29 的右侧）端口位置有放电痕迹，图 5-29。

图 5-2　中间头铜编织网

（4）故障相中间头烧损严重，无法分辨两端的密封情况。检查非故障相冷缩管两端的密封情况，打开密封胶，冷缩管一侧未完全包住半绝缘层，可眼见主绝缘，未见红色密封胶。如图 5-30 所示。切开非故障相冷缩管（如图 5-31 所示），主绝缘与冷缩管护套内硅脂膏量少，且存在有少量杂质，在收缩冷缩管前未将主绝缘表面清理干净，半导电层端口处理工艺差。

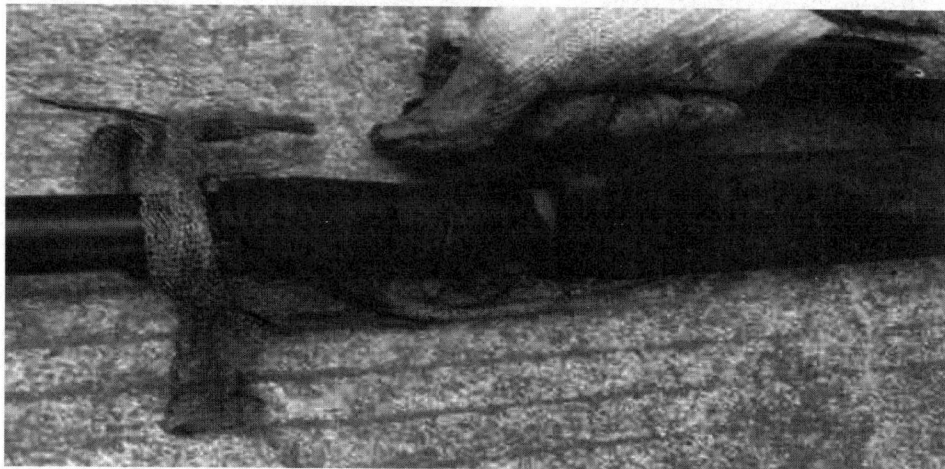

图 5-30

图 5-31

（5）去除故障相冷缩管，主绝缘表面存在严重的爬电现象和电树枝痕迹，主绝缘表面已烧焦，无法看清表面是否有伤痕，半导电层位置已烧穿，无法分辨半导电层剥口是否整齐。非故障相半导电层剥离不整齐，均出现较大的尖角和缺口，均没有进行倒角处理。导体连接管表面有缠绕半导电带，连接管与主绝缘断口内未填充半导电自黏带。见图 5-47。

图 5-32

（6）去除非故障相连接管表面半导电带，发现主绝缘层没有倒角（45°）处理，倒角表面不整齐，连接管压接也不符合要求。如图 5-33 所示。

图 5-33

（7）非故障相连接管两侧电缆大小明显不一致，一侧为 150mm 电缆，另一侧为 120mm 电缆，施工时为了能压接到一起，施工人员将 150mm 导线切除数根，如图 5-34 所示。

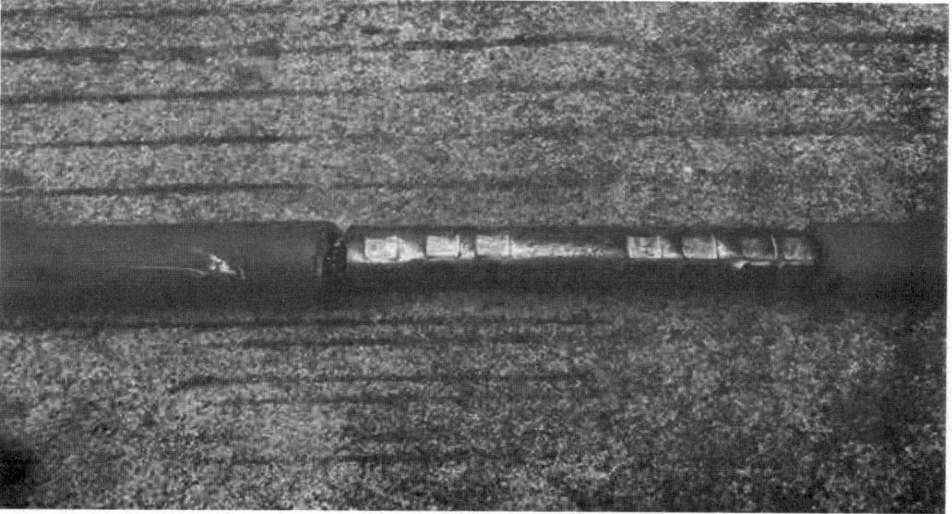

图 5-34

（三）故障原因分析

1. 初步分析

从以上解剖图片来看，故障相烧蚀严重，已经无法准确推断发生接地故障的具体原因，但固体绝缘发生界面放电的根本原因是电场应力集中。与未发生烧蚀的两相对比可以看出，故障相烧穿口在恒力弹簧固定铜网的位置。外侧应力锥与主绝缘交界处很可能是本次故障的放电起始点，而表面烧穿口是界面爬电现象发展到贯穿主绝缘表面时，电弧以最短路径击穿主绝缘本体绝缘时强大短路电流烧蚀所致。根据对故障中间头三相解体情况的分析，认为可能导致该冷缩式电缆中间接头击穿的原因有以下几个方面：

（1）冷缩管中间标线应与压接管中心线保持一致才能使得两侧应力锥达到均匀主绝缘表面电场的目的。电缆附件在制作过程中尺寸出现较大偏差，冷缩管无法按工艺要求收缩定位，将造成应力锥与半导电层一侧搭接过多，一侧搭接过少，从而导致过少一侧局部电场应力加剧，应力锥未起到均匀电场的作用。应力集中致使长时间出现局部放电，最终会导致中间接头故障。

（2）主绝缘表面及半导电层与主绝缘过渡区应均匀涂抹硅脂，一是在安装冷缩管时起润滑作用，二是可填充半导电层与主绝缘过渡区台阶气隙。若硅脂涂抹不均匀、少涂或漏涂，电缆运行一段时间后，硅脂干涸主绝缘与冷缩管之间界面将产生气隙，致使局部电场加剧，这是导致中间接头故障的原因之一。

（3）半导电层剥离不整齐且断口处未做30度倒角，半导电层有较大缺口和尖角，压接管有棱角，被切除的导线产生大量尖端，造成电场局部集中，产生尖端放电或局部放电，是导致此次中间接头故障的原因之一。

（4）主绝缘表面未清洁干净，在主绝缘表面留下潜在的气痕，会引起场强集中；致使局部放电产生，也是导致此次中间接头故障的原因之一。

2. 最终结论

综上所述，造成此次故障的原因是：施工工艺不合格。具体表现为半导电层剥离出现较大缺口且无倒角，产生尖端放电。两端电缆大小不一致，加上未安装密封胶，容易造成密封不良，导致内部受潮，产生泄漏电流或局部放电。长时间局部放电最终导致中间头被击穿。

（四）故障防范措施

（1）施工单位应加强电缆头制作人员的技能培训，经考试合格后方可持证上岗，严禁无证人员制作电缆头。区局验收人员应将持证上岗纳入督查和验收内容。

（2）电缆头的制作严格按照中国南方电网公司《电气装置安装工程电缆线路施工及验收规范送变电工程施工工艺应用手册》第4部分及电缆附件厂家提供的安装说明书等，以确保电缆头的制作质量和工艺水平。注意事项：冷缩接头的自由安装尺寸较小，应注意安装尺寸的准确，尽量减小安装误差。在安装前，应核对预制件和电缆绝缘外径的配合是否符合生产厂商的要求。电缆剥切尺寸必须严格按照厂家提供的安装说明书进行，确保电缆金属屏蔽层、半导电层、绝缘层施工剥切尺寸正确。连接管压接后要用锉刀或砂纸打磨光滑，清除金属屑末，用清洁布擦净电缆绝缘表面、半导电层表面及连接管表面。

（3）加强电缆头制作现场环境管理。电缆头的制作须在晴天、干燥的情况下进行，制作现场应清洁、无尘。制作完成的电缆头外观应整洁美观，安装工序完成后，在30min内不得移动电缆，并经试验合格后方可挂网运行。

（4）建立实行实名制管理及质量跟踪体系。电缆头制作人签订《电缆头制作质量承诺书》，制作过程要拍照取证并形成电缆头制作过程资料，电缆头或中间头悬挂有施工单位、实际制作人员、制作日期及天气等相关制作信息的电缆牌，同时将以上信息录入到网生产系统，确保电缆头施工质量的可追溯性。

（5）编写简单的图文验收手册，并安排熟悉电缆中间头制作方法的人员采取全程旁站验收方法。

（6）加强配电网电缆运行的维护管理，明确巡视项目和标准，发现问题及时处理。

（7）加强故障分析，编制电缆中间头解体步骤手册，做到一故障一分析，查找产生故障的具体原因并制定整改措施。

三、电缆中间头典型故障 4：电缆中间头抽检试验不合格

（一）故障情况说明

1. 电缆基本信息

2013 年 10 月，检验中心对一套电缆附件进行质量检验，在抽检项目的试验过程中，发现雷电冲击电压试验项目不通过。

该型号电缆附件 11 月供货该地区，数量为 114 套，同厂家其他型号电缆附件供货数量为 42 套。抽检设备具体技术参数如下：

设备型号：10kV 冷缩中间头 JLS-3×300C1

设备参数：额定电压 8.7/15kV

出厂日期：2013 年 6 月

2. 设备抽检试验情况

根据要求，将抽取设备送至省公司电力科学研究院，对其抽检了三个试验项目，分别是 5min 工频电压试验（30.5kV）、局部放电试验（室温，15kV）、冲击电压试验（室温，75kV，正负各 10 次）。试验过程中发现第一次局部放电试验和冲击电压试验不合格，具体数据如下：

（1）局部放电试验（相对湿度：53.1%，温度：28.4℃）

编号	相别	局放背景（pC）	预加电压（kV）	试验电压（kV）	测量值（pC）	备注
1#	A	1.36	17.4	15	1.36	
	B	1.36			16.24/3.41	黄
	C	1.36			10.62/5.52	黑

注：1# 黄、黑相测量数据为"初次测量 / 经过一段时间耐压后测量"的数据。

（2）冲击电压试验（相对湿度：40.2%，温度：25.6℃）

编号	极性	试验电压（kV）	次数	试验结果	备注
1# A 相	+	75	10	通过	
	-	75	10	通过	
1# B 相	冲击发生器本体升压 60kV 时发生击穿				
1# C 相	冲击发生器本体升压 60kV 时发生击穿				

由试验数据得知，试品工频耐压试验合格，但进行第一次局部放电试验时，B、C 相测量值分别为 16.24 pC、10.62pC，不符合 GB/T 12706.4-2008《额定电压 1kV(Um=1.2kV) 到 35kV(Um=40.5kV) 挤包绝缘电力电缆及附件试验》关于放电量不大于 10 pC 的规定，第二次局部放电试验数据合格。进行冲击电压试验，A 相通过 75kV 的冲击电压考核，B、C 相则在加压至 60kV 时发生击穿。根据现场人员判断，击穿声音从电缆中间头位置发出，初步判断 B、C 相电缆中间头已在内部发生绝缘击穿放电。

（二）设备解体情况

为了进一步查找击穿原因和深入分析，11 月 4 日，试验研究所。会同厂家、各专家技术人员对该电缆中间头进行现场解体分析。解体前，为了更准确、更容易找到中间头击穿位置和原因，经过与厂家协商，决定对其进行加大电压耐压破坏性试验，以便通过观察其击穿放电痕迹来确定击穿部位，从而判定击穿发生的原因。

在耐压试验过程中，电缆中间头 B、C 相试验电压分别加到 44kV 和 8kV 时发生击穿，明确故障相发生于内部击穿后，各专家技术人员对电缆中间头进行解体。

5-35　电缆中间头解体

依次剥开 B 相电缆中间头的外护套、铠装甲、防水填充胶带、屏蔽网和应力管后，发现在铜接管一边的主绝缘表面，沿着两道延伸纵向划痕位置，存在放电痕迹，严重部位有绝缘橡胶被烧伤的凸起部分，主绝缘沿面附有一层黑色粉尘，随后剥开 C 相也有类似表象。而在 B、C 相的另一端主绝缘面，有轻微的刀痕，未发现有放电痕迹。清晰可见的是，划痕为剥切电缆时刀工不精所致，如图 5-36 所示。

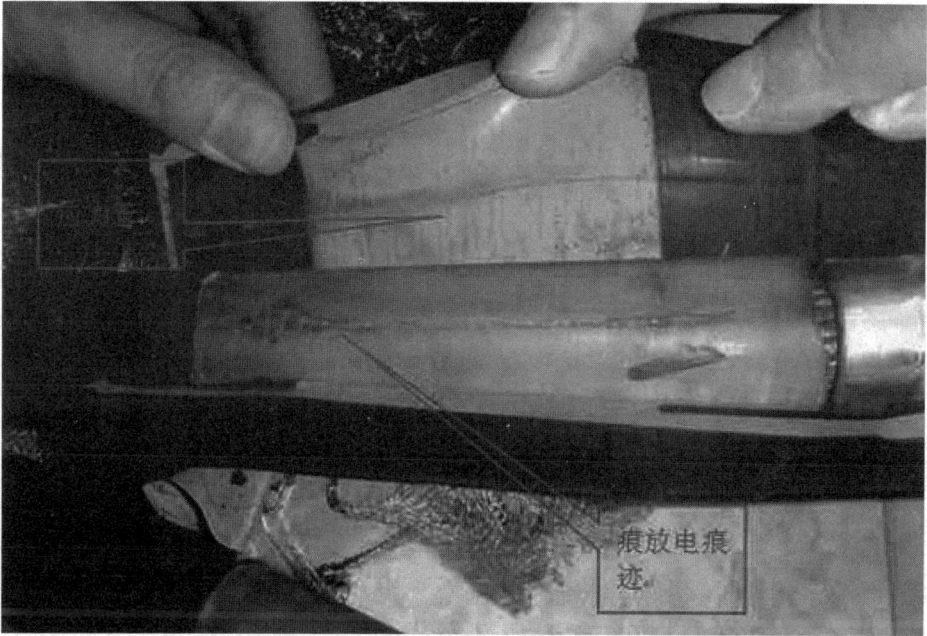

图 5-36　主绝缘表面划痕有放电痕迹

（三）缺陷原因分析

1. 缺陷初步原因分析

针对现场解体发现情况，试验研究所成立专项小组，并与 10kV 电缆附件供应商讨论分析，查找原因所在，导致电缆中间头内部击穿放电的初步原因可能有如下几点：

（1）电缆附件的安装规格尺寸不符合要求。

附件安装尺寸有两个关键点，一个是附件的尺寸与待安装电缆的尺寸配合要符合规定的要求；另一个是现场主绝缘、半导体层的剥切尺寸应符合安装说明书尺寸（如图 5-37 所示），特别是应力管与铜屏蔽层的搭接要符合尺寸要求。为尽量使电缆在屏蔽层断口处的电场应力分散，同时电缆可能因内应力处理不良在运行中发生较大收缩，应力管与铜屏蔽层的接触长度要求不小于 20mm。短了会使应力管的接触面不足，应力管上的电力线会传导不足；长了会使电场分散区减小，电场分散不足。经现场核实尺寸，剥切尺寸符合该厂该型号《8.7/15kV 三芯电缆冷缩式中间接头产品安装说明书》的尺寸要求，同时测得应力管与铜屏蔽层接触长度为 38mm，大于 20mm，应力管安装在屏蔽层与主绝缘间上是采用中心对位的，中间接头的中心与主绝缘剥开部分的中心重合。因此，经评估分析，可以排除放电是由安装尺寸导致的。

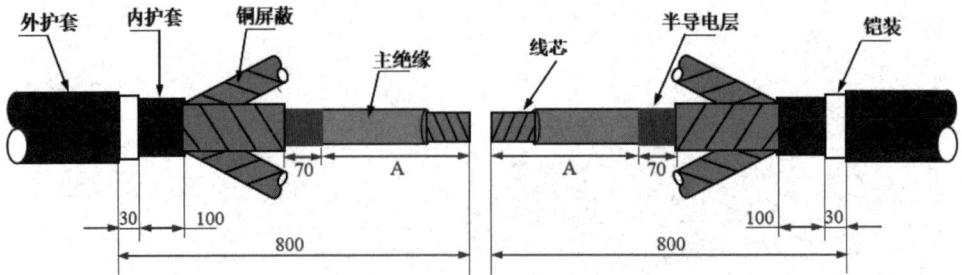

图 5-37　说明书安装尺寸

（2）电缆附件的安装环境、电缆中间头外力因素导致。

电缆附件在安装过程中湿度等环境控制及运行过程中防水性能不好导致的渗水、含有杂质灰尘，都有可能在电缆中间头内引致爬电距离缩短放电。电缆安装好之后的存放及运输过程中若存在扭曲、撞击等外力因素可能导致电缆中间头内有气隙，或内部发生形变，从而引发中间头内部电场强度分布不均放电。由于安装和运输全程由试验研究所人员监督，在车间内安装存放，而且试验是在安装后一个星期进行，不存在渗水因素，同时运输时电缆自然打平放置，可以排除电缆中间头由安装环境和外力因素导致。

（3）电缆附件所采用绝缘材料、绝缘润滑油性能不符合要求导致。

在电缆中间头制作所用的材料中，冷收缩部件的绝缘橡胶材料、半导电橡胶材料以及硅脂性能参数要求尤为重要。国家机械行业标准 JB/T 10740.2《额定电压 6kV 到 35kV 挤包绝缘电力电缆冷收缩式附件》对这三种材料做了技术要求，规定了冷缩部件材料主要性能指标及考核其性能所依据的试验方法，如图 5-38 所示。

序号	项目		单位	性能指标	试验方法
1	耐压强度	不小于	MV/mm	8	GB/T 507--2002
2	介电系数（50Hz）			2.8~3.2	GB/T 5654-1985
3	介质损耗角正切	不大于	%	0.5	GB/T 5654-1985
4	体系电阻率	不大于	Ω·m	1011	GB/T 5654-1985

序号	项目		单位	性能指标	试验方法
5	锥入度		1/10mm	200~300	GB/T 269-1991
6	挥发度（喷霜）（200℃，24h）	不大于	%	3	GB/T 7325--1987
·除非另有规定，表中数据为室温下试样的性能要求					

图 5-38　安装用硅脂润滑剂主要性能要求

由硅橡胶材料和半导体橡胶材料挤塑、模塑，再经过扩张、硫化工艺制成的预制式冷缩件，其电气和物理性能对电缆中间头有着重要影响。如果扩张率不好，就会直接造成应力管对绝缘界面径向压紧力不够，会产生可能引发放电的气隙；如冷缩件中绝缘材料和应力锥体积电阻率达不到要求，其绝缘抗爬电性能不良、屏蔽层导通率不高导致电场分散不均匀，都有可能引发内部击穿放电。因此，为确保材料根源的可靠性，各专家技术人员对该电缆附件供应商所用材料进行出厂检验，对材料制成工序和工艺把控节点进行调查，同时查阅材料相关试验报告。发现绝缘材料和半导体材料试验的主要性能如拉伸强度、硬度、体积电阻率、介电常数等符合要求，该厂冷缩式中间接头内外半导电层均为整体预制式，不是喷半导电漆，所以层间也无气隙。因此，排除放电由绝缘材料和半导体材料性能不良导致。

安装用的硅脂润滑油是绝缘材料，其作用是在完成清洁电缆外屏蔽和主绝缘面工序后，对该位置进行涂抹，以达到填充气隙和安装润滑的效果。市面上好的混合剂材料涂抹后在接头部位永不固化，呈液体状，能充分填补半导电切口台阶、刀痕等界面放电气隙，有效减少局放。而硅脂易被富含硅元素的硅橡胶材料分子吸收，若界面存在气隙，则失去填充效果，加大沿面爬电的可能性。如 5-39 图所示，涂抹过 P55 绝缘混合剂的电气性能比未涂抹的更优异。相同的距离情况下，涂抹过混合剂的沿面承受放电电压明显比未涂抹的大。

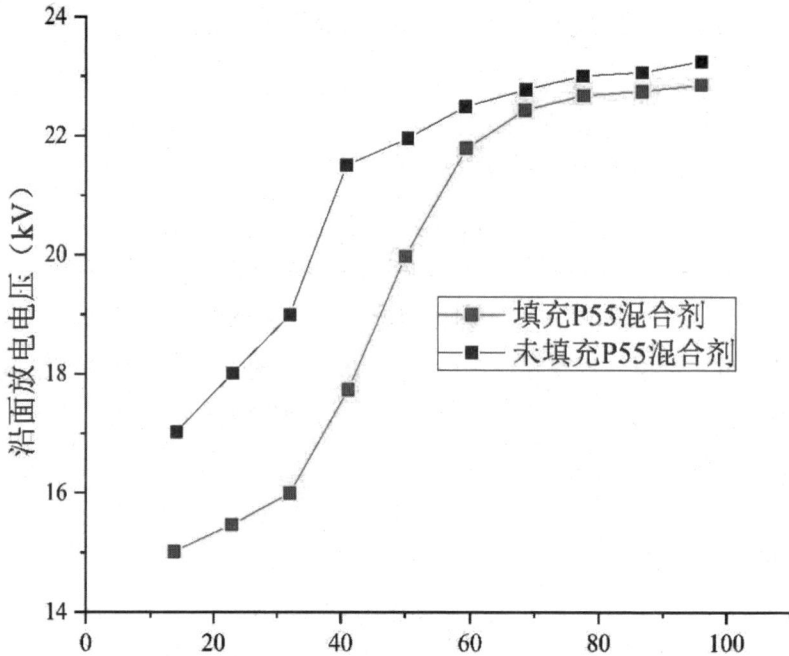

图 5-39　填充混合剂沿面爬电电压参数

　　检查材料试验报告发现，所采用硅脂油的击穿电压检测结果为 10.3kV/2.5mm，不符合技术协议要求的 35kV/2.5mm（行业标准为 8kV/2.5mm）。同时对电缆中间头击穿部位和未击穿部位的主绝缘面检查，发现所涂抹硅脂油均已被吸收、干燥，这不符合南方电网公司 2013 年配网设备材料框架招标项目《10kV 冷缩式电缆附件材料技术协议》中 5.2.2 关于润滑混合剂的规定："直通接头内部和电缆主绝缘表面须采用不会被吸收或者干涸的绝缘混合剂以增强电气性能，绝缘混合剂严禁含有硅元素，且长时间呈液体状态，以填充气隙，降低局部放电水平。"所采用的硅脂油含有硅元素，易被吸收（如图 5-40 所示），这种材料达不到填充气隙、增强电气性能的效果，是导致电缆中间头击穿放电的原因之一。

图 5-40　硅脂油润滑剂被吸收

（4）电缆附件安装工艺问题导致。

根据 GB50168-92《电缆线路施工及验收规范》要求，在剥除内屏蔽层时，用刀划痕时不应损伤绝缘层，半导电层端口应整齐，主绝缘表面应光滑平整，无刀痕、尖端和残留半导电材料颗粒粉末。

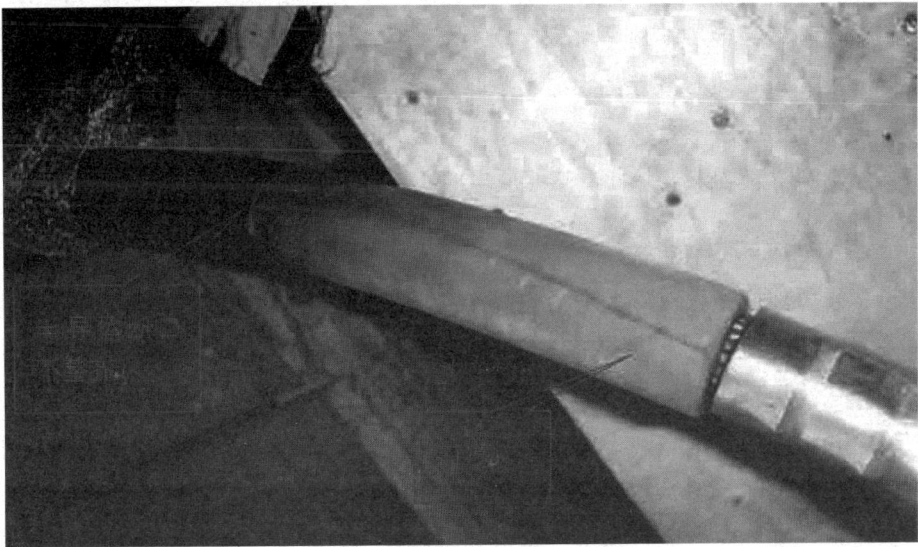

图 5-41　解体后电缆发现刀痕

从解体的电缆中间头可发现，剥开 B、C 相内屏蔽层后的每一端主绝缘面都有

2—3 道刀痕（如图 5-41 所示），沿着表面由铜导体至半导电层纵向延伸，最长一条与主绝缘长度相当，约 85mm。因此，接头导体产生的高电位电场在刀痕处集中，而内屏蔽层接地电位为零，如图 5-42 所示。理想安装的中间头的电场分布均匀向四周扩散，当有刀痕气隙存在时，电场线集中向气隙处，使得绝缘界面气隙内的场强大于 3kV/mm（空气击穿强度 3kV/mm），沿面局部放电开始产生。当加大到一定电压时，便发生击穿，这是导致电缆中间头击穿放电的主要原因之一。

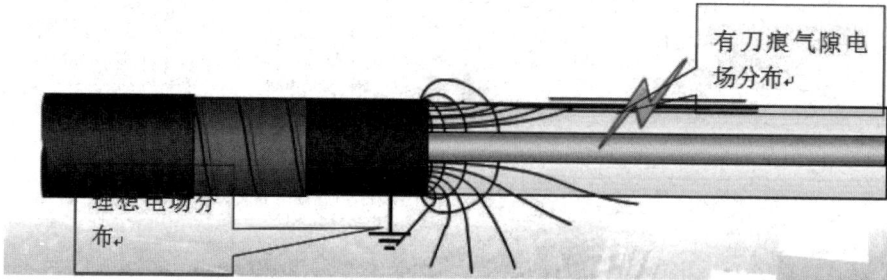

图 5-42 主绝缘有刀痕爬电击穿原理图

同时检查发现安装还存在其他工艺上的问题，如接管压接顺序不对、压接工艺差、主绝缘端口倒角参差不齐、铠装层的引出地线与铜屏蔽层引出地线有重叠等。

2. 缺陷原因汇总

从安装现场可知，安装人员在一个理想的安装环境下，在制作电缆中间头过程中，施工不严谨，没有严格按照工艺标准要求来制作，剥电缆半导体层时使主绝缘面划出刀痕和半导电层端口不整齐，使中间头内部存在气隙。同时，在主绝缘层涂抹的硅脂油，短时间内被硅橡胶材料吸收，没有起到填充气隙的作用。当高电压冲击时，电场集中在气隙处，导致气隙沿面爬电击穿放电。电缆附件安装工艺不良和所用硅脂油不符合要求，是此次击穿放电的主要原因。

（四）故障防范措施

设备管理部门加强对有关电力电缆产品标准的制定或修订工作，建立健全统一的电缆及其附件的质量标准和规范。针对部分标准存在错误或者随着设备的升级参数发生变化的状况，相关部门应组织纠正宣传贯彻。

设备管理部门对电缆敷设施工人员，必须进行必要的业务素质与技术的培训和考核，无相应级别资质的人员不得进行电缆安装施工。

设备运行维护部门应参与电缆附件制作过程验收见证，在电缆终端头、中间接头的制作工艺中应规范操作，严格把关，确保电缆终端头、中间接头运行后减少故障率，安全稳定运行。

电缆附件厂家应严格按照国标、行标、技术协议等规范的规定来生产，不能因节省成本而用质量较差的材料。设备使用部门进行出厂验收时，应对电缆附件生产工艺关键点进行监督，同时应对附件材料试验项目和能力进行调查；若不符合要求，应立即提出，从源头上控制电缆附件质量。

设备运行维护部门应按照《电力设备预防性试验规程》有关方法、试验项目、标准要求、试验周期对电缆进行预防性试验，发现隐患及时处理，防止计划外停电或故障停电事故的发生。

第六章　避雷器主要典型故障分析

一、避雷器典型故障 1：产品质量不合格

（一）故障情况说明

1. 故障过程描述

避雷器安装位置：110kV 某站 F25 某线路 #1 杆，隔离刀闸电缆侧。

该组避雷器运行情况：避雷器投运时间为 2012 年 2 月，避雷器投入运行后引起该线路频繁跳闸（变电站 F25 出线 10kV 开关柜零序保护动作，该线路重合闸功能退出，线路未重合），最初时隔 2~ 3 个月跳闸一次，后运行 1 个月左右即发生跳闸，拆除前最后一次运行约 20 天即发生跳闸。线路发生跳闸时未发现该线路其他运行设备异常，且线路跳闸与雷击、下雨等天气情况并无直接的联系。

2013 年 4 月将此组避雷器拆除更换其他厂家的避雷器，所在线路再未发生异常跳闸情况。

2. 故障设备基本情况

避雷器参数：型号：YH5WS-17/50；出厂时间：2005 年 6 月；直流 1mA 参考电压：≥25kV。

（二）初步故障原因分析

该组避雷器（共 3 只）于 2013 年 8 月送局器材检验中心进行试验分析，根据相关运行情况，初步怀疑该组避雷器的内部电阻片存在质量问题，在运行电压的作用下，避雷器内部电阻片发生老化，导致放电电压降低，通过的泄漏电流逐步增大（电阻片长期发热，内部温度升高，温度越高，其耐受电压下降得越多，最终避雷器热击穿），导致线路零序电流增大，引起变电站出线 10kV 开关柜零序保护动作。

保护动作后，线路停电，该组避雷器退出运行一段时间，其电阻片的工作特性，即氧化锌电阻片的非线性伏安特性（电阻片 [MOV] 为非线性电阻片，具有非线性伏安特性，在低电压作用时具有高电阻，在过高的电压作用时呈低电阻，保持较低的残压，从而限制过电压对设备的影响，保护设备的绝缘不被损坏）恢复，又可以重新投入运行一段时间。

通过相关试验项目检验该组避雷器氧化锌电阻片的性能参数及工艺质量。

（三）故障检查情况

1. 避雷器解体前试验

（1）直流 1mA 参考电压 U1mA 及 0.75U1mA 下的泄漏电流试验

直流 U1mA 及 0.75U1mA 下的泄漏电流测试是避雷器预防性试验项目之一，以直流电压和电流的方式来检验避雷器整体的动作特性和保护特性，试验合格，数据满足标准要求（U1mA 实测值与制造厂规定值比较，变化不应大于 ±5%；0.75U1mA 下的泄漏电流不应大于 50μA），具体试验数据如表 6-1 所示。

表 6-1 避雷器解体前试验数据

编号	直流 1mA 参考电压（kV）	75% 直流参考电压下的泄漏电流（μA）
1	27	7
2	26.7	7
3	26.9	7

（2）密封试验

使用抽气浸泡法进行该组避雷器的密封试验（避雷器出厂试验的必检项目之一），以检验避雷器整体的密封性能，在规定的浸泡时间内，避雷器无连续性气泡溢出，试验合格。

2. 避雷器解体后检查及电阻片试验

（1）解体后检查发现有一只避雷器内部电阻片封闭筒体与电阻片间存在间隙，如图 6-1 所示。

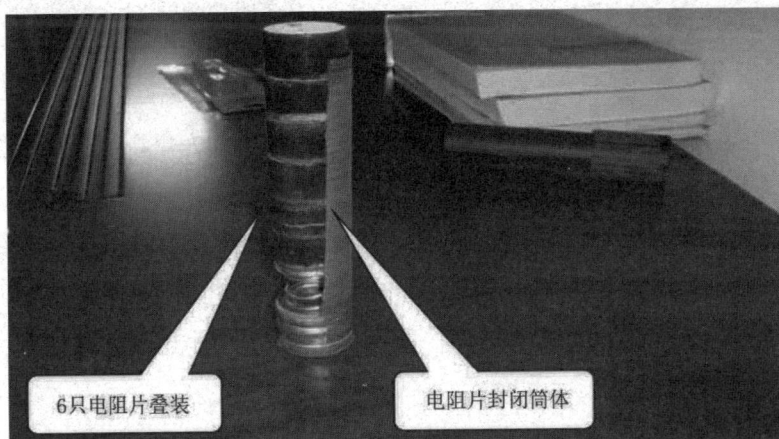

图 6-1　电阻片内部封装结构

（2）电阻片2毫秒方波通流容量试验（满足通流容量是考验电阻片合格与否的关键指标，出厂试验必须抽检的项目之一，有些厂家将此试验作为电阻片的全检项目，对电阻片进行封装前的必要筛选，以剔除不合格电阻片）。

2毫秒方波通流120A、加电流试验2次，该组3只避雷器内部共计18只电阻片，发生击穿、闪络的电阻片有8只，不合格率44%，具体不合格分布情况如表6-2所示。

表6-2 不合格电阻片分布情况

编号	电阻片总数（只）	不合格数（只）
1	6	3
2	6	4
3	6	1

图6-2 2毫秒方波通流容量试验不合格电阻片

（3）电阻片4/10微秒短时耐受电流试验（技术协议为出厂试验必须抽检项目之一，主要考核电阻片釉面的绝缘性能）。

4/10微秒短时耐受电流45kA，抽检2只（从2毫秒方波通流容量试验合格10只中选取），发生闪络、崩缺的电阻片有1只，不合格率50%，如图6-3所示。

图 6-3　4/10 微秒短时耐受电流试验不合格电阻片

（4）电阻片加速老化试验（型式试验项目，动作负载试验的一部分，主要考核电阻片的热稳定和老化特性）。

加速老化试验，抽检 1 只（从 2 毫秒方波通流容量试验合格 10 只中选取），试验电压 2.74kV，试验时长 161.2h，从试验曲线图（如图 6-4 所示）可看出，电阻片的功率损耗和阻性电流值不断升高，且无趋于平稳的趋势，施加电压 1h ～ 2h 后测量电阻片功率损耗 P1 为 1358mW，老化试验后在相同条件下测量电阻片功率损耗 P2 为 1887.9mW，两者比值 K 为 1.39（P2/P1），超出产品技术性能的要求（参考值≤ 0.2）。

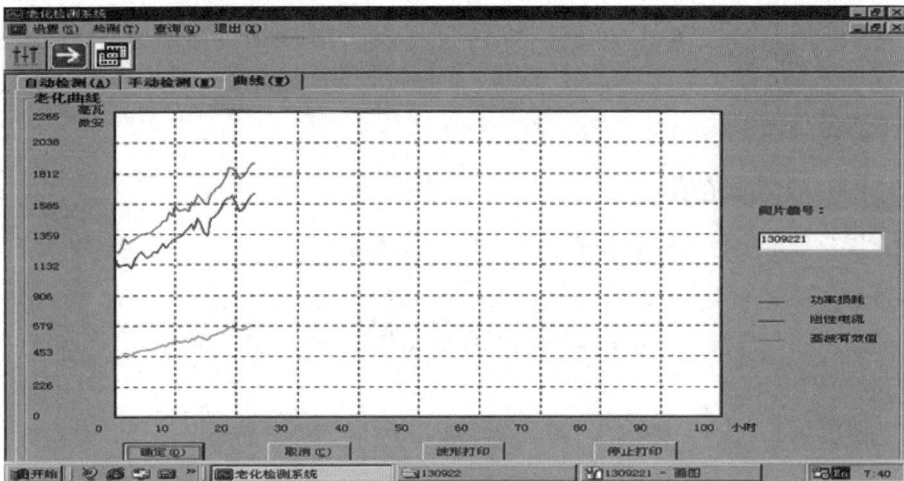

图 6-4　抽检电阻片老化试验曲线图

对比：合格电阻片老化试验曲线图（如图 6-5 所示），其试验曲线电阻片的功率损耗和阻性电流值会逐步下降，并有趋于平稳的趋势。

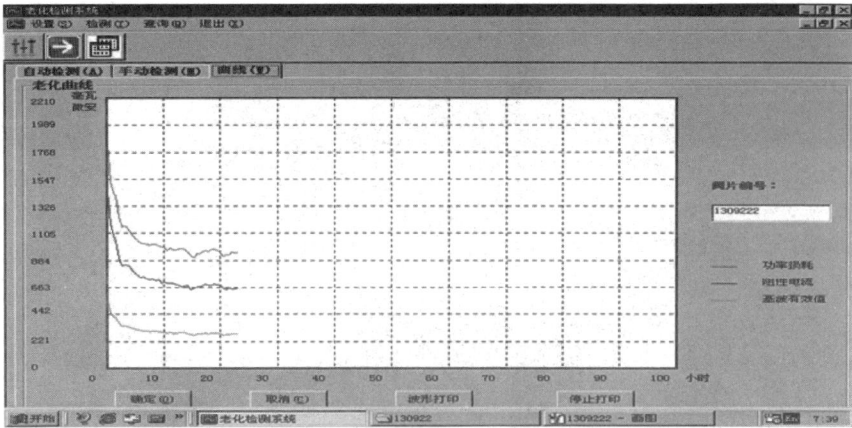

图 6-5　合格电阻片老化试验曲线图

从上述试验结果可看出，这组避雷器内部所用电阻片出厂试验时未经 2 毫秒方波通流容量试验的筛选，不合格电阻片比率较高，抽检试验（电阻片 4/10 微秒短时耐受电流试验、电阻片加速老化试验）均不合格，电阻片性能参数不满足标准要求，可能存在使用原材料不合格、内部存在气孔、层裂等制造工艺质量问题（作为避雷器主体的氧化锌电阻片是避雷器的核心元件，生产工艺复杂，生产难度大，工艺配方的技术难度要求高）。

该组避雷器内部电阻片的不合格情况如此严重，与初步故障原因分析中所提到的情况相吻合，避雷器通流能力差，热稳定性能低，在投入运行后，其内部电阻片功率损耗不断升高，电阻片发生老化，导致放电电压降低，通过的泄漏电流逐步增大，容易出现运行故障，引起线路跳闸。同时，在雷击时也易导致避雷器内部闪络、爆炸等质量事故。

（四）故障防范措施

为避免今后类似故障事件的发生，加强避雷器设备质量的管理与控制，应在避雷器招投标环节及出厂验收环节做好相应的质量防范措施：

要求供应商自身应具备对其产品质量，尤其是避雷器内部电阻片质量进行检测的能力。

局配网设备品控专家出厂验收时应按照技术协议所规定的 10 个出厂试验项目进行见证，尤其是 2 毫秒方波通流容量试验（抽取 5% 电阻片进行该项试验）及 4/10 微秒短时耐受电流试验（抽取 5% 电阻片进行该项试验）应作为出厂试验重点进行见证。

各分局试验班人员应对配网基建、技改工程项目避雷器的交接试验进行验收见证，并按试验周期对避雷器进行预防性试验，做好试验数据的分析对比工作。

二、避雷器典型故障 2：电阻片工艺不良

（一）故障情况说明

1. 故障过程描述

设备运行情况。电缆分支箱投产日期为 2011 年 10 月 30 日，投入运行后无故障发生，2014 年 3 月底，遭遇接连几天的雷暴天气，故障发生（4 月 13 日）当天天气良好，故障发生前 601 开关柜处于热备用状态，负荷侧无负荷电流。故障发生时该线路电流速断保护动作跳闸，故障发生后重合闸成功。

2. 故障设备基本情况

设备铭牌参数。避雷器型号：HY5WS-17/50，避雷器参数：直流 1mA 参考电压：≥25kV，额定电压 17kV，持续运行电压 13.6kV。

（二）故障检查情况

1. 外观检查

据运行人员记录，爆炸发生时产生两声连续爆炸声响。601 开关柜电缆室门板和侧板受爆炸能量冲击变形鼓起，整个电缆室内烧损严重。

避雷器
炸裂烧
损严重

图 6-6　电缆分支箱故障后现场情况

三相避雷器烧损严重，端部接地线及底座已烧断脱落，屏蔽线已烧熔，全部电

阻阀片脱落掉在地上，A、C相尤为严重，避雷器阀片绝大部分被电流击穿且开裂，开裂面大多有明显的工频电流击穿和通流痕迹，部分阀片两侧有电流击穿的痕迹。

图6-7 避雷器故障后现场情况

2. 试验情况

为了查找避雷器故障的原因，随机选取了3只与故障避雷器同厂家同参数同批次的氧化锌避雷器，进行整体常规性试验和阀片电气性能试验。首先对其整体进行一些常规性试验项目，试验结果均合格，如表6-3所示。

表6-3 避雷器整体试验项目及结果

序号	试验项目	试验结果
1	直流 1mA 参考电压 U1mA	合格
2	0.75U1mA 下的直流泄漏电流试验	合格
3	密封试验	合格
4	工频参考电压试验	合格
5	阻性电流与全电流试验	合格

随后对避雷器解体进行阀片试验。每只避雷器共有4片阀片，3只避雷器共有

12 片阀片，抽取其中 7 片阀片进行 2 毫秒方波通流容量筛选试验、4/10 微秒短时耐受电流试验、标称放电电流残压等电气性能试验。试验项目及结果如表 6-4 所示。

表 6-4　避雷器电阻片试验项目及结果

序号	试验项目	电阻片数量	不合格电阻片数量	备注
1	电阻片 2 毫秒方波通流容量筛选试验（100A，2 次）	7	1	6 片通过
2	电阻片 4/10 微秒短时耐受电流试验	2	2	项目 1 合格 6 片中抽取 2 片
3	标称放电电流残压试验	2	1	项目 1 合格 6 片中抽取 2 片
4	电阻片 2 毫秒方波通流容量试验（150A，18 次）	3	1	项目 1 合格 6 片中抽取 2 片，项目 3 合格 1 片抽取 1 片
本次试验共有 7 片电阻片，试验完成后不合格电阻片 5 片，电阻片不合格率 71.4%。				

（1）电阻片 2 毫秒方波通流容量筛选试验。通流容量试验是考验电阻片合格与否的关键指标，出厂试验必须抽检的项目之一，技术协议要求对避雷器抽取 5% 阀片进行该试验，有些质量管控严格的厂家将此试验作为电阻片的全检项目，对电阻片进行封装前的必要筛选，以剔除不合格电阻片。对 7 片电阻片加 2 毫秒方波 100A 电流试验 2 次，发生击穿、闪络的电阻片有 1 片，不合格电阻片如图 6-8 所示。

有击穿裂纹的电阻片

图 6-8　出现击穿裂纹的电阻片

（2）4/10 微秒短时耐受电流试验。此项试验为技术协议出厂试验必须抽检项目之一，主要考核电阻片釉面的绝缘性能。从 2 毫秒方波通流容量试验通过的 6 片电阻片中抽取 2 片施加短时 65kA 的电压，两只都出现击穿裂开，不合格电阻片如图 6-9 所示。

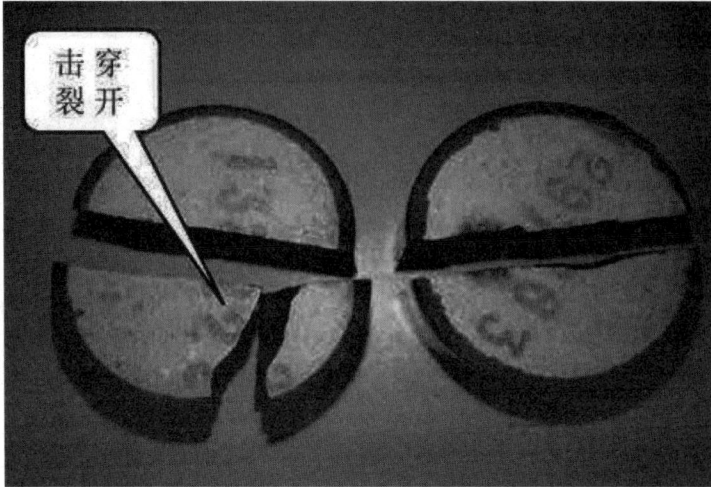

图 6-9 出现击穿后裂开的电阻片

（3）标称放电电流残压试验。此项试验为型式试验项目之一，残压是衡量避雷器保护性能的一个重要参数，指当放电涌流通过避雷器时，避雷器端子间呈现的最大电压峰值。从 2 毫秒方波通流容量试验合格 6 只中选取 2 只做标称放电电流残压试验，有 1 只发生击穿，有放电痕迹，不合格电阻片如图 6-10 所示。残压试验并非破坏性试验，出现击穿放电证明电阻阀片内部已存在缺陷。

图 6-10 残压放电击穿的电阻片

（4）电阻片 2 毫秒方波通流容量试验。从 2 毫秒方波通流容量试验合格 6 只中选取 2 只和标称放电电流残压试验合格的 1 只共 3 只进行试验，加 2 毫秒方波 180A 电流试验 18 次，发生击穿、闪络的电阻片有 1 片，不合格电阻片如图 6-11 所示。

图 6-11 通流击穿的电阻片

（三）故障原因分析

（1）根据试验情况，进行电阻阀片 4/10 微秒短时耐受电流试验、标称放电电流残压试验、2 毫秒方波通流容量试验三个抽检项目均存在不合格电阻片，电阻片不合格率为 71.4%，避雷器电阻阀片性能不满足 GB11032-2010 国标要求。电阻片可能存在使用原材料不佳、工艺控制环节不精，内部可能存在气孔、层裂等制造工艺质量缺陷，导致上述试验不通过。

（2）由于该组避雷器的内部电阻片存在严重质量问题，投入运行后，在持续受到雷暴天气的影响下，受雷电暂态过电压的冲击，避雷器内部电阻片发生老化劣化，阻性电流分量急剧增大，致使阀片发热，阀片的硅橡胶绝缘材料性能降低，高阻性能下降，引发内部高电位对低电位放电。不断的恶性循环，在避雷器内部产生气隙，耐受电压降低，最终发生放电击穿，造成 C 相接地短路，产生的短路电动力和热量形成巨大能量，发生爆炸。

（3）C 相接地短路故障发生瞬间，由于系统是中性点非接地系统，A、B 相的相对地电压瞬间升高到线电压，电压的升高直接引发性能劣化的阀片高压对地击穿，产生接地短路，产生的能量和热量引致再次爆炸，电流速断保护动作线路跳闸，避雷器爆炸脱落后，电缆头引线悬空，线路重合闸成功。

（四）故障防范措施

为避免今后类似故障事件的发生，加强 10kV 避雷器设备质量的管理与控制，应在避雷器招投标、出厂验收及运行维护环节做好相应的质量防范措施。

（1）实施避雷器的状态检修计划，对避雷器进行定期在线红外测温和局放测试，及时检测出运行避雷器的缺陷。对于一些没有安装测温窗口的电缆分支箱，需在技术协议修订环节规范条款，并在出厂验收、中间验收等环节检验其安装效果，实现可在线红外测温。

（2）从源头上加强质量管控，要求对 10kV 避雷器进行出厂试验验收。出厂验收时应按照技术协议所规定的出厂试验项目进行见证，尤其是 2 毫秒方波通流容量试验及 4/10 微秒短时耐受电流试验应作为出厂试验必检重点见证项目。

（3）要求电缆分支箱厂家对配套避雷器进行质量管控，由于配套避雷器非电缆分支箱厂家生产，要求避雷器供应商应有自己生产避雷器阀片的能力，且要求具备避雷器核心元件（氧化锌阀片）的质量检测能力，包括所有出厂试验项目的试验能力。